肌肤之目
——建筑与感官（原著第三版）

[芬兰]尤哈尼·帕拉斯玛　著

刘　星　任丛丛　译

邓智勇　方　海　校

U0292214

著作权合同登记图字：01-2015-3883号

图书在版编目（CIP）数据

肌肤之目——建筑与感官（原著第三版）/[芬兰]帕拉斯玛
著; 刘星,任丛丛译. —北京：中国建筑工业出版社，2015.7
（2024.6重印）
ISBN 978-7-112-18270-1

Ⅰ.①肌…　Ⅱ.①帕…②刘…③任…　Ⅲ.①建筑－关
系－感官生理心理－研究　Ⅳ.①TU-023

中国版本图书馆CIP数据核字（2015）第155451号

责任编辑：李　东　董苏华
责任设计：董建平
责任校对：陈晶晶　姜小莲

肌肤之目——建筑与感官（原著第三版）
[芬兰]尤哈尼·帕拉斯玛　著
刘　星　任丛丛　译
邓智勇　方　海　校
*
中国建筑工业出版社出版、发行（北京海淀三里河路9号）
各地新华书店、建筑书店经销
北京京点图文设计有限公司制版
北京中科印刷有限公司印刷
*
开本：850×1168 毫米　1/32　印张：4⅝　字数：108千字
2016年2月第一版　2024年6月第七次印刷
定价：**38.00**元
ISBN 978-7-112-18270-1
（36929）
版权所有　翻印必究
如有印装质量问题，可寄本社退换
（邮政编码 100037）

肌肤之目
——建筑与感官（原著第三版）

[芬兰] 尤哈尼·帕拉斯玛　著

刘　星　任丛丛　译

邓智勇　方　海　校

中国建筑工业出版社

薄　冰

斯蒂文·霍尔

序 言

当我身处多雨的纽约，坐下来写这些话语，我想起赫尔辛基早冬白色的新雪和湖面上的薄冰，回忆起芬兰寒冬中的往事：那儿，人们每年都会在北方厚厚的冰面上开辟临时捷径。几个月后，冰层渐渐融化，仍有人斗胆在冰面上驾车而猝然落水。我几乎能想象那最后一瞥，白色的破冰之间失事的汽车在下沉，黑色的湖水慢慢灌了进来……芬兰的美真是一种悲意而神秘的美。

我与尤哈尼·帕拉斯玛分享关于建筑现象学的思考是在1991年8月间，当时我初访芬兰，出席于在韦斯屈莱（译者注：芬兰小城，阿尔瓦·阿尔托的故乡）举办的第五届阿尔瓦·阿尔托研讨会。

1992年10月我们再次在赫尔辛基相遇，当时我正在那里参与当代艺术博物馆的设计竞赛工作。我还记得我们谈到了梅洛·庞蒂的著作，其内容可以被用来解释或指导建筑中体现的空间序列、质感、材料和光影。我还能回忆起这次对话发生在一次午餐中，在一艘停靠在赫尔辛基港的巨大木船的甲板下，当木船在港口部分冻结的冰块间轻微地来回摇摆时，团团热气从我们的菜汤上方旋转腾空。

我体验过尤哈尼·帕拉斯玛的建筑，从他在罗瓦涅米（译者注：芬兰拉普兰省省会）精彩的博物馆加建到芬兰西南部土库群岛一个引人瞩目的石头小岛上的木制夏季别墅。在这些地方，空间带给人的感觉、声音和气味与它的外观一样重要。帕拉斯玛不只是一位理论家，他更是一名有着现象学洞察力的睿智建筑师，他把难以解析的感官建筑付诸实践，而建筑的现象特性又有助于其作品的建筑哲学具体化。

1993 年，在中村敏男（Toshio Nakamura）的邀请下，我们与阿尔伯托·佩雷斯·戈麦斯（Alberto Perez Gomez）一起合作出版了《感知的问题：建筑现象学》[1]一书。几年之后，出版商 A+U 杂志社再版了这本小册子，因为其中的讨论对其他很多建筑师也很重要。

尤哈尼·帕拉斯玛的《肌肤之目》，正是植根于《感知的问题：建筑现象学》这本书，它更加紧凑、清楚地讨论了最关键的现象学维度里，人的身体在建筑中的体验。自从丹麦建筑师 SE·拉斯姆森 1959 年出版《体验建筑》以来，还没有一本如此简洁明了的文稿，能在 21 世纪建筑发展的关键时刻，既有益于学生，又有助于建筑师[2]。

梅洛 - 庞蒂生前最后一部未竟之作《可见的与不可见的》包含这样令人惊叹的一章："交错与交织"（这实际上成为我在 1992 年为赫尔辛基当代艺术博物馆竞赛命名的出处 ——Chiasm 被置换成了 Kiasma，因为芬兰语里没有字母 C）。在一章论述"事物的范围"的文稿中，梅洛 - 庞蒂写道："它莫不过天上地下，只是大量事物聚集在一起的场所而已，或者说是一个类别名称，或者说是一种概念的逻辑可能，或者说是一种'意识潜能'的系统：它是一种新的存在，一种多孔的、丰富的或普遍的存在……"[3]

在 21 世纪第二个十年，这些想法渐渐浮出水面甚至潜藏到"肌肤之下"。全世界范围内因夸张的广告技术驱使的商品消费足以替代我们的意识，并且削弱我们的反思能力。在建筑界，新兴数码、电脑技术的应用现在也加入这个过程，在这样嘈杂的背景下，帕拉斯玛的作品唤起了孤独与决心的反思——他曾称之为"静默的建筑"。我将敦促我的学生阅读这本书，并对当今"嘈杂的背景"进行反思。如今"我们存在的深度"如履薄冰。

目 录

触摸
世界

第三版导言

我的小册子《肌肤之目——建筑与感官》于 1996 年首次出版在伦敦学院版（Academy Editions）的"辩论"系列。这一系列的编辑邀请我，立足于一个我觉得在当时建筑讨论中切题中肯的主题，以 32 页随笔的形式来写作。

我手稿第二部分的基本思想来自于一篇题为"建筑七觉"的论文，发表于《A+U，感知的问题》（1994 年 7 月，专刊）中，这是一期有关斯蒂文·霍尔建筑实践的专刊，其中也有霍尔自己和戈麦斯教授的文章。稍晚些时，在 1995 年 6 月的哥本哈根丹麦皇家艺术学院举办了有关建筑现象学的研讨会，《感知的问题》的三位作者在会议上发表了演讲，这为我手稿的第一部分提供了基本论述和参考。

有点令我吃惊的是，这本小书受到很大好评，并且被列入了世界许多建筑院校理论课程的必读书目。因此，第一版本很快售罄，并且在后来几年里，这本书被制作成影印版在世界各地流通。

这篇论文起初是建立在我个人的经历、观点和思考上。我越来越担心对视觉的偏重而忽略其他感知，这一点也反映在对建筑的理解、教学和评论上；我也担心随后的结果是艺术与建筑感官与官能特质的丧失。

在我起稿写这本书之后的数年间，对于感官重要性的兴趣（无论寓于哲学讨论或是从建筑体验、设计及教育中体现出来）与日俱增。我认为身体是我们感觉、思考与意识的场所，并且在表达、储存与处理感官回应与思考中有重要作用。这些设想被不断加强与证明。尤其，关于人类具身化的哲学探索和近来的神经学研究都为我的假设提供了支撑。

通过"肌肤之目"的标题,我想表达触觉感官对于我们体验与理解世界的重要性,但同时我也有意创造一个统治性视觉感官和被压制的触觉感官间的概念回路。后来,我已经认识到我们的皮肤实际具有分辨许多颜色的能力——我们确实能由肌肤所见 [1]。

人类生活中触觉感官的首要性已被日益证实。通过医学证明,人类学家阿什利·蒙塔谷(Ashley Montagu)的观点证实了触觉领域的首要性:

> "(皮肤)是我们器官中最老也最敏感的部分,是我们交流的第一媒介,也是我们最有效的保护者……甚至透明的眼角膜也是由一层被修饰的皮膜覆盖……触觉是我们的眼睛、耳朵、鼻子以及嘴巴之根源。正是不同于他者的感觉在日久评价中被视为事实,即触觉是'感官之母'。"[2]

触觉是一种将我们自身融入我们的世界体验的感官模式。视知觉甚至也被结合化入到自我的触觉领域中;我们的身体能够记忆我们是谁,我们在世界何处。身体才真正是我们世界的中心,它不是中心透视里视觉灭点的感知,而是我们参照、记忆、想象和整合真正发生的场所。包括视觉在内的所有感官,都是触觉的延伸;感官是肌肤组织的特有表现,并且所有的感官体验都是触摸的模式,因此与触觉相关。我们与世界的接触,通过包围我们周身皮膜的特殊部分,发生在自我(与世界)的边界。

显然,"推进生活"[3] 的建筑应该同时关注所有的感觉,并且将我们的自我形象融入我们的世界体验中。建筑最重要的精神任务是安居与融合，它们将我们人类的尺度和秩序感投入到无限的无意义的自然空间中。建筑表达了存在于世的体验，并加强了我们对自我和现实的感知；它并非让我们居住在只是虚构与幻想的世界里。

被艺术与建筑强化了的自我感知，让我们充分投入到梦想、想象和渴求的精神境界。建筑与城市为我们理解和应对人类生存条件提供视野，建筑不是只创造视觉诱惑，而是讲述、传递和放映种种意向。所有建筑的最终意义是超越建筑；它指引我们的意识回归世界以及我们自身存在的感知。伟大的建筑让我们把自身体验为完整的、既是具体的又是精神的人。事实上，这是所有意义丰富的艺术的伟大功能。

在艺术的体验中，一种奇特的置换发生——我赋予空间以情感和联想，而空间给我的是它的氛围，这种氛围激发和活跃了我的认知和思想。一件建筑作品不是作为一系列孤立的视觉图像加以体验的，而是以其充分结合起来的物质的、具体的以及精神的本质被体验。它提供了令人愉悦的形态和外表，以致我们的眼睛与其他感官得以感知。它也整合融入多种物质和精神结构，因而给我们的存在体验以强大的凝聚力和意义。

工作的时候，艺术家和手工艺人并非关注于一个外在与客观的问题，而是直接投入他们的身心与体验。一个智慧的建筑师，会将其整个身心投入工作，当构造一个建筑或物体时，建筑师也同时投身于相反的领域——他或她的自我形象，更准确地说，存在体验。在富有创造的作品里，一种有力的认知与投射发生了，创造者的全部身体与精神构建成为了作品的场所。路德维希·维特根斯坦（Ludwing Wittgenstein），一位试图将哲学理论与身体形象分离的哲学家，承认人的哲学和建筑作品中自身形象在其中的影响："在许多方面，从事哲学和从事建筑研究一样，实际上更是从事自身的研究，即从事自我诠释，从事如何看待事物……"[4]

电脑通常被看作一件只有益处的发明，它解放了人类的幻想并有效辅助了设计的工作。我想表达我在这个方面的严重怀疑，至少是对当今设计过程中电脑作用的怀疑。电脑想象试图使我们丰富的、多种感觉的、同时同步的想象力变得扁平化，它将设计过程变为了被动的视觉操作，一次视网膜的旅行。计算机在创作者与物体之间制造了距离，然而手工绘图与模型制作使设计者与物体和空间触手可及。在我们的想象中，物体同时存在于大脑和双手，而这被想象与投射的物质图像由我们的身体来构筑。我们同时既在物体中又在物体外。富有创造性的作品要求一种身体与精神的认知，移情与感动。近年来对镜像神经元的研究为理解具身模仿的复杂过程提供了实验基础。[5]

在我们对世界的生活体验中，周遭及茫然视觉的作用，以及我们对栖居空间的内在体验，也引起了我的兴趣。对周围的空间、室内和触觉体验的一个突出因素就是对锐利的集中视觉的蓄意抑制。这个问题很少列入建筑理论探讨的范畴，因为建筑理论化坚持关注集中视觉、自觉意向和观点的表达，而生活体验的本质是由触觉及周边的茫然视觉所形成的。集中视觉让我们面对世界，而周边视觉将我们包围在世界的肉身中。除了对视觉统治的批评，我们也需要重新思考视觉自身的真正本质和其他各种感官领域的参与。

被拍摄的建筑图像是具有中心图像的聚点式格式塔，然而建筑实体的本质似乎主要依赖于周边视觉的本性，它将主体环抱在空间中。一座森林背景和丰富多彩的建筑空间，能为周边视野提供足够的刺激，而这些背景环境又把我们置于这种空间的中心。在中心视点之外被体验的前意识透视领域，似乎与聚焦图像的存在有着同等的重要性。而事实上，医学已经证明，周边视野在我们的感知与精神系统中存在较高的优势。[6]

这些观察表明，我们时代的建筑与城市环境往往让我们觉得自己好像旁观者，其原因之一就是：相比于我们满怀激情地与自然和历史环境相处，我们缺乏对建筑和城市环境周边视域的支持。无意识的周边感知使视觉格式塔转变为了空间与身体的体验。周边视野让我们与空间相融合，而集中的视觉将我们推向空间之外，成为单纯的旁观者。

建筑的理论、教育和实践都主要关注形式。然而，我们拥有惊人的能力，来感知和领悟周边无意识的复杂的环境实体与氛围。在所有有意识的细节观察之前，我们感知着空间、地点和环境的氛围特征。尽管对气氛的感知是如此重要，我们却很少在建筑的论述中提及。再次强调，神经学研究指出感觉和认知的过程开始于对实体瞬时的体验，然后才是对细节的识别，反之，行不通。

自从 15 年前写《肌肤之目》开始，对人们所忽视的感觉、认知和意识领域，我继续扩充着我的理论。此后，又凝结为两本同样由 John Wiley & Sons 出版的书籍：《思考之手：建筑中的存在与具身智慧》(The Thinking Hand: Existential and Embodied Wisdom in Architecture)（奇切斯特，2009 年）和《具身图像：建筑中的想象与意象》(The Embodied Image: Imagination and Imagery in Architecture)（奇切斯特，2011 年）。

2011 年 9 月 20 日，华盛顿

PART ONE

第一部分

"双手想要看见，双眼渴望去抚摸。"

—— Johann Wolfgang von Goethe（歌德）[1]

"舞者寓耳朵于脚趾尖。"

—— Friedrich Nietzsche（尼采）[2]

"如果身体更容易被理解，就无人会意识到我们还有一个大脑。"

—— Richard Rorty（理查德·罗蒂）[3]

"苹果的味道……在于水果与舌尖的触感，而非水果自身；同理，诗歌的意义在于诗与读者的相遇，而非印记在书本纸张上的成行符号。最本质的是美的行为，那种激动，那种几乎是有形的、同每次阅读随之而来的感情。"

—— Jorge Luis Borges（博尔赫斯）[4]

"没有与世事的碰撞，画家与诗人怎能进行表达？"

—— Maurice Merleau- Ponty（梅洛 – 庞蒂）[5]

视觉与知识

在西方文化中，"看"在历史上一直被当作所有感觉的最高者，并且，思考这件事也是由看而生。在古希腊的思想中，一切确认均建立在视觉和可视性的基础上。赫拉克里特（Heraclitus）在某一章节中写道，"眼睛是比耳朵更准确的见证者"[6]。柏拉图（Plato）将视觉看作人类最伟大的天赋[7]，并且他坚信通过"心智之眼"可以到往伦理的普遍世界（ethical universals）[8]。同样，亚里士多德（Aristotle）将视觉看作官能的最高者"因为它借助其认知的相对非物质性，最大限度地接近心智"。[9]

自古希腊始，所有时期的哲学写作都充满了视觉的隐喻，其中关键的是，将认识与清晰的视觉相类比，而光则被当作真理的象征。阿奎那（Aquinas）甚至将视觉的概念用于其他感官领域，也用在理性的认知上。

彼得·斯劳特戴克（Peter Sloterdijk）精彩地总结了视觉感官对哲学的影响："眼睛是哲学的感官原型。它的奥秘在于它不仅能看而且有能力看到它确实在看。在身体的认知器官中，这给予了视觉显赫的地位。哲学思考的大部分实际上只不过是眼睛的反射作用、目光的逻辑推理和了解自身之所见而已。"[10] 在文艺复兴时期，五种感官被理解为一个等级系统，从最高级的视觉到最低级的触觉。文艺复兴时期的感觉系统和宇宙的图像息息相关；视觉关联着火与光，听觉于空气，嗅觉于蒸汽，味觉于水，而触觉于大地。[11]

透视表现法的发现使眼睛成为感知世界的中心，也成为自我认知的原点。透视表现法本身变成了一种符号形式，一种不仅描述而且决定认知的符号形式。

毋庸置疑的是，我们的技术文化已经显著分离与限制了这些感官。当下视觉与听觉是首要的交流感官，而余下的三种感官则被视为仅具有个人目的的古老感觉的残余，这三者又通常被文化的准则压制了。在我们这个以视觉为中心及充满了卫生法规的文化里，也只有诸如美食的嗅觉享受、花朵的芳香以及对温度的反应才被允许获得共同的注意。

超越其他感官的视觉统治——以及由此导致的认知偏向，已经得到了许多哲学家的关注。一本名为《现代性与视觉统治》的哲学文集论述着："从古希腊开始，西方文化就已经被视觉范式所统治，所有有关知识、真理与现实的阐述都由视觉生发，以视觉为中心"[12]。这本发人深省的书分析了"视觉与知识，视觉与本体，视觉与权力，视觉与道德的历史关联"。[13]

当我们与世界交流的视觉中心范式，以及我们知识的概念——视觉统治的认知——已经被哲学家们揭示，那么在我们理解和实施建筑艺术的过程中，相比其他感官的作用，批判性地认识视觉则显得十分重要。建筑，就像所有其他的艺术一样，主要应对人类在时空中生存的诸多问题，它表达和讲述人类于世的存在。建筑身陷在自我与世界，内与外，时间与绵延，生命与死亡等深奥问题的讨论中。大卫·哈维（David Harvey）写道："特有的，美学和文化实践随着时间与空间的变换经历而改变，这正是因为它从人类体验的川流中创造了有意义的空间表达和艺术品。"[14]建筑是我们联系时空的首要工具，并给予这些维度人性的度量。它驯化了被人类承受、安居和理解的无限的空间与时间。由此以来，时间与空间的交互，以及内与外、物质与精神、自觉与不自觉的优先性等辩证，这些感觉的此消彼长及它们的相互作用与交流，已经对艺术与建筑本性产生重要影响。

大卫·米歇尔·勒文（David Michael Levin）用如下文字

发起了对视觉支配的哲学性批判:"我认为质疑视觉统治——即我们文化的视觉中心主义,是合乎时宜的。并且我认为我们需要批判性地探究当今世界视觉统治的特点。我们急切需要对日常看的行为进行心理诊断———一种对我们自身作为有想象力的人的批判性的理解。"[15]

勒文指出了视觉自主驱动的能力(automony drive)与野心,以及它萦绕在我们视觉中心文化统治的地位:

> "视觉掌权的欲望非常强烈。它有着强烈的倾向去捕捉及注视,去具体化及整合,去支配、稳固,去控制,由于它在文化及哲学探讨下不可抗争的统治力,被广泛推广开来,最终,它建立了与我们文化中的工具理性主义及我们社会的技术特性相符合的,当下以视觉为中心的形而上学。"[16]

我相信,当今日常建筑的诸多病症,同样可以通过感官认知论的分析法和对我们的文化,尤其是建筑上的视觉偏袒的充分批判去理解。当代建筑与城市的人性缺失可以被理解为对身体与感觉的忽视,以及我们感知系统的不平衡发展。例如,当今技术社会里人们越来越多地感受到疏远、淡漠和孤独,也许正与某种感觉的症状相关联。发人深省的是,正是技术上最先进的设施引发了这种疏远与分离的感受,比如医院和机场。眼睛的统治及对其他感官的压制迫使我们感到分离、孤独与置身事外。眼睛的艺术无可厚非地产生了引人注目和令人深思的诸多构建物,但它并未有助于人类立足世界。现代主义的特质通常还没有透过表面而深入大众的喜好和价值观,这一点似乎要归因于其片面地强调了理智和视觉;现代主义设计普遍庇护了我们的思维及眼睛,但它让我们的身体、感官,乃至记忆、想象与梦想变得无家可归。

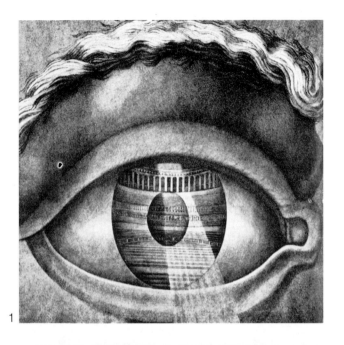

1

2

视觉中心主义和为身体而设计

1　建筑已经被当作一种眼睛的艺术。

映射着贝桑松（Besancon）剧场室内的眼睛，根据克劳德－尼古拉斯·勒杜作品（Claude-Nicholas Ledoux）刻画。
剧场建于 1775～1784 年，细部。

2　视觉感知包含了对其他感觉的刺激。这些相互跨越的模式体验中最重要的就是通过视觉传达的触觉品质。

渡水石，"跨过沼泽的台阶"，在京都平安神宫花园内。跨过池塘的踏脚石，那有节奏的设计同时与眼睛和身体的肌肉对话。
尤哈尼·帕拉斯玛拍摄。

视觉中心主义批判

在我们有今天的忧虑之前，西方思想界的一些哲学家已经开始对视觉中心传统以及由此产生的旁观者理论（spectator theory）提出了批判，比如，笛卡尔（René Descartes）认为视觉是最普遍、最高级的感官，他的主客二分的哲学也由此植根于对视觉的优先论，然而，他也曾将视觉与触觉置于同等重要的地位，认为触觉"比视觉更加可靠而且不容易犯错"[17]。

弗里德里希·尼采（Friedrich Nietzsche）在貌似同其思想体系的总线相悖的情况下，试图颠覆视觉思维的权威性。他批判那种许多哲学家假定的"脱离了时间与历史的眼睛"[18]。他甚至谴责某些哲学家"对感官抱有盲目的、险恶的敌意"[19],舍勒(Max Scheler)直言不讳地称这种态度为"对身体的仇恨"[20]。

发展于20世纪法国知识界传统的,对西方视觉中心论认知与思想的"反视觉中心论"的观点在马丁·杰伊(Martin Jay)的《没落的眼睛——20世纪法国思想中视觉的损毁》(Downcast eyes——The denigration of Vision in Twenties-Century French Thought)[21]一书中得到充分展现。作者追溯了现代视觉中心文化里多个领域的发展,例如,印刷出版的发明、人工照明、照相术、视觉诗(visual poetry)以及对时间的新体验。另一方面,他分析了法国文坛许多有影响力的反视觉中心的作家的思想,例如亨利·柏格森(Henri Bergson),乔治·巴塔伊(Georges Bataille),让-保罗·萨特(Jean-Paul Satre),莫里斯·梅洛-庞蒂(Maurice Merleau-Ponty),雅各·拉康(Jacques Lacan),路易·阿尔都塞(Louis Althusser),居里·德波(Guy Debord),罗兰·巴特(Roland Bartes),雅各布·德里达(Jacques Derrida),露西·伊利格瑞(Luce Irigaray),伊曼努尔·列维纳斯(Emmanuel Levinas)以及让-弗朗索瓦·利奥塔(Jean-François Lyotard)。

萨特(Sartre)坦率地表达了对视觉的敌意甚至到了"视觉恐惧症"(ocularphobia)的地步,他的作品中有多达7000处提到"看"(the look)[22]。他关心的是客观对待他人的目光,和与美杜莎对视后将一切石化的那惊人一瞥[23]。他认为,作为视觉中心的结果,在人们的意识里空间已经代替了时间[24]。对时间和空间概念上这种具有较大意义的转换为我们对物理和历史进程的理解产生了重大的影响。空间与时间流行的概念以及它们的内在关系为建筑提供了重要的范例,正像西格费莱德·吉迪翁(Siegfried Giedion)在他的现代建筑思想领域内重要的作品《时间·空间·建筑》[25]中证实的那样。

莫里斯·梅洛-庞蒂（Maurice Merleau-Ponty）对"笛卡尔式的视觉透视系统"和"它完全置身事外的一种脱离历史与现实的、客观的主题"[26]提出了无止境的批判，他全部的哲学著作集中于普遍的感知，尤其是视觉。与"笛卡尔式的外在旁观之眼"不同，梅洛-庞蒂的视觉是一种实体化视觉，是"世界的肉身"[27]人体化的一部分："我们的身体是世界众多物体中的一个，同时又能够观察、触摸它。"[28]梅洛-庞蒂看到自身与世界之间相互渗透的联系——它们互相融贯并且彼此界定——同时他强调了感官的同时性和交互性。"我的感知不单纯是视觉、触觉、听觉的叠加，我通过我全部的存在来感知：我抓住一个事物特殊的结构，一种存在特殊的方式，它们即刻与我所有的感官产生共鸣"，他写道[29]。

马丁·海德格尔（Martin Heidegger）、米歇尔·福柯（Michel Foucault）和雅各布·德里达（Jacques Derrida）都曾认为现代思想文化不仅延续了历史上的视觉统治，而且使它的消极趋势更加深化，每位哲学家都通过自己的方式，表达现代社会的视觉主导地位与以往时代有了很大的不同，在我们的时代里，视觉的统治范围通过科技发明和大量的图像复制被强化，伊塔洛·卡尔维诺（Italo Calvino）把它称之为"一场无尽的图像雨"（an unending rainfall of images）[30]。而海德格尔认为："现代社会中最重要的事件就是图像对世界的征服"[31]。在我们当今这个制作、批量生产和操纵图像的时代，哲学家的推测确乎其然。

今天被科技强化和扩展了的视觉深深地渗入了空间和物质，让人们能够将视野同时投射到地球的两端，对时间和空间的体验已经因为速度而互相融合（大卫·哈维 David Harvey 称之为"时空压缩"[32]）。作为结果，我们目击了这两种维度的鲜明转变——空间的时间化和时间的空间化。在科技世界里唯一能与它惊人的加速度并驾齐驱的感官就是我们的视觉，但视觉的世界却使我们逐渐生活在一个永恒的被速度和同时性压平的现实里。视觉图像已经变成了商品，正像哈维指出的，"从不同空间发来的大量图像几乎同时把世界各地的空间变成电视机屏幕上的一系列图像……这些空间、地点的图像变得与其他商品一样可以大量生产和短暂使用"[33]。

近几十年来，对现实中古建遗迹的巨大破坏，毫无疑问地导致了表现的危机，我们甚至可以在我们时代的艺术品中感受到这种惶惶不安而歇斯底里的表达。

自恋与虚无的眼睛

在海德格尔（Heidegger）看来，统治性的视觉文化最初产生了光鲜夺目的视觉繁荣，但它在当代逐渐变为虚无之风。海德格尔对虚无主义视觉的观察在今天看来颇有启发；在国际建筑媒体的追捧下，过去20年里的许多建筑作品，表达着强烈的自我陶醉与虚无主义。

具有支配力的眼睛谋求对文化产业各个领域的统领权，它似乎削弱了我们移情、感动以及投身于世界的能力。自我陶醉的眼睛将建筑仅仅视为自我表现的一种手段，一场脱离了精神实质与社会联系的心智艺术的游戏，而虚无的眼睛蓄意加剧了感官与精神世界的疏离。虚无主义的建筑和身体相离并使之孤立，而不是加强以身体为中心的投身于世界的综合体验，也没有试图重建文化的秩序，它让阅读建筑丰富的意义变得不再可能。世界变成了享乐但无意义的视觉旅行。事实清晰的是，只有孤立及距离化的视觉感官才有虚无主义；

我们很难想象有触感的虚无主义，因为它具有不可抗拒的接近、亲密、真实与确凿的特性。施虐与受虐的视觉依然存在，并且我们仍然可以识别它们在当代艺术与建筑领域的手法。

当前视觉图像的大规模工业化生产势必将视觉从情感体验与认知中剥离出来，并且将图像变成没有中心和参与感的令人迷惑的洪流。米歇尔·德塞都（Michel de Certeau）完全察觉到了视觉领域的负面扩张："从电视到报纸，从广告到种类繁多的商业行为，视觉文化以癌细胞增长的方式定义了我们当前社会的特征，结果衡量每件事情的标准变成了它是否能展现或者被展现，并且将交流变成了纯粹的视觉旅行。"[34] 失去了建构逻辑、物质实感与感情体验，当代癌细胞扩散一般的肤浅的建筑图像，显然是这段进程的一部分。

眼睛的力量与弱点

3 尤其在当代，视觉被无数的科技发明所加强，我们现在可以深深洞察物质及浩瀚太空的奥秘。

照相机的眼睛，来自电影《带着摄像机的男人》（The man with a Movie Camera），1929 年，由俄国吉加·维尔托夫（Dziga Vertov）导演，片段。

4 尽管视觉具有优先权，但视觉的观察也往往由触摸来确证。

卡拉瓦乔（Caravaggio），对圣·托马斯的怀疑（细部）（The incredulity of Saint Thomas），1601～1602 年。无忧宫画廊，波茨坦。

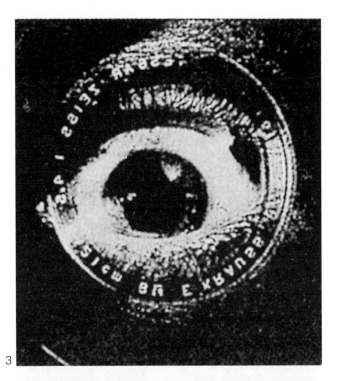

3

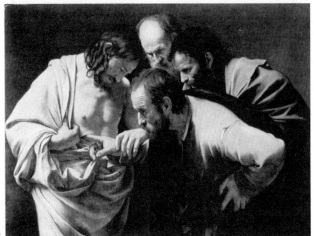

4

口头和视觉空间

然而人类不是一直被视觉统治，事实上，原始的听觉统治是逐渐被视觉取代的。人类学文献描写了多种文化，在这些文化中，我们个人的嗅觉、味觉和触觉在日常行为和交际中一直具有综合作用。爱德华·霍尔（Edward T Hall）的重要著作《隐藏的维度》（The hidden Dimension）正是研究各种感觉在不同文化中利用公共和个人空间的作用，可惜的是，这本书已经被建筑师们遗忘[35]。霍尔对个人领域的空间关系学（proxemic）的研究，为探求我们与空间之间本能的、潜意识的关系以及我们潜意识的利用空间的行为提供了重要的视点，霍尔的观点可以作为我们设计私密的、生命培育机能（bio-culturally functional）的空间的基础。

沃尔特·翁（Walter J Ong）在他的《口语文化与书面文化》（Oralty & Literacy）[36] 一书中分析了从口头到书面文化的转变，及其对人类意识和共同感知的影响。他指出，"从口头到书面语言的转变归根底是从声音到可视空间的转变"[37]，并且"在以书写为肇始的视觉统治下，在思考与表达的世界里，印刷取代了听觉"，[38] 在翁看来，"这是一个显著的冰冷而没有人性的世界"[39]。

翁分析了从原始的口头文化到影响人们意识、记忆和对空间理解的当今的书写文化（最后是印刷文化）的转变。他指出，由于听力统治让步于视觉统治，情境思维（situational thinking）也被抽象思维所代替，在作者看来，这种对世界认识与理解在根本上的转变是无法逆转的："虽然词语是从口头演说中生成的，书写却专制地将它们永远固定在视觉的领域……一个有读写能力的人很难完全恢复仅用口头表达的人对词语的那种感觉。"[40]

事实上，抛去视觉统治的古希腊渊源不谈，它不可颠覆的霸权也只是一种较为近时的现象。在吕西安·费弗尔（Lucien Febvre）看来，"16世纪并不是以看为先，它首先是耳闻与嗅觉，在空气中捕捉气味和声响。只是后来才认真积极地纳入几何学，并在开普勒（Kepler）（1571～1603）和里昂的德扎格（Desargues of Lyon）（1593～1662）的带领下，人们才将注意力集中于形式领域。从那以后视觉才在科学、身体感知与美的领域中释放开来。"[41] 罗伯特·芒德鲁（Robert Mandrou）也作了相似的陈述，"（感官的）等级（与20世纪）不同，因为在今天是统治者的眼睛，在那时它只是第三位，远在听觉与触觉之后，在偏重于听觉的年代，负责组织、分类和整理的眼睛并不是受宠的器官。"[42]

日益增长的眼睛的霸权与西方自我意识的发展，以及自我与世界的逐渐分离是同步的，视觉让我们与世界分离，而其他的感官却使我们与世界联结。

艺术的表达致力于世界获得语言之前的意义，这些意义是活生生的、被身体力行的，而不只是停留在理性的理解上。在我的观点里，诗歌有把我们暂时带回口头的与包容着我们的世界里的能力，诗歌的口语化把我们带回了内在世界的中心。诗人不仅"在万物存在伊始开口说话"，正如同加斯东·巴什拉（Gaston Bachelard）所说 [43]，它还发生在语言的伊始。同样地，一般说来，艺术与建筑的任务是重建对未分化的内在世界的体验，在这样的世界里，我们不单纯是旁观者，而是不可分的一部分，在艺术家的作品里，存在主义的理解生发于当我们与世界相遇时以及当我们存在于世界时——它不是概念上的或理性的。

视网膜建筑与塑性的遗失

显然，传统文化的建筑实质也与缄默的身体智慧有关联，而并非视觉与概念的掌权。传统文化中的建造，就像一只鸟儿通过身体的活动而确定鸟巢形式一样，也是由我们的身体来主导的。世界各地的本土化乡土建筑似乎诞生于肌肉与触觉的感官，而不是眼睛。我们甚至可以将本土建造中，从触觉领域到视觉统治的转变，视为一种塑性与亲密感的遗失，随之遗失的还有本土文化背景中各种感官大融合的特征。

哲学思考中所指出的视觉优先权现象，在西方建筑的发展中也一样明显。古希腊建筑，有着视觉纠正的精致系统，为了取悦眼睛而彻底加以改进。然而，视觉特权并不一定意味对其他感官的排斥，就像古希腊建筑呈现出的触觉的敏感，物质性与真实的重量感；在这里眼睛引起并刺激肉身和触知感。视觉感官也许包含甚至加强其他感觉的形式；视觉中我们无法意识到的触觉元素，在历史建筑中尤其重要并被强烈表达，但可惜的是在我们的时代被严重忽视了。

自从阿尔伯蒂（Leon Battista Alberti）以来的西方建筑理论，基本都在讨论视觉感官、协调与比例等问题。阿尔伯蒂有这样的论述："绘画只不过是约定好距离、固定了中心以及在特定光线下的视觉金字塔的交汇。"这论述描述了在建筑思考中也被视作工具的透视法则 [44]。同样，需要强调的是，在视觉图像无处不在的时代来临之前，这种有意识的对视觉原理的关注，也没有自动导致对其他感官坚决与刻意的遗弃。无论有意识或无意识，视觉在建筑实践中征服并占据了主导的地位，结果就渐渐出现一个脱离身体的观看者的概念。这个观看者通过排斥其他感官，尤其通过对视觉技术的扩张和图像的大量繁殖，而脱离了与环境周遭的实体关联。就像M.W. 瓦托夫斯基（Marx W Wartofsky）所讨论的："人类视觉本身就是人工制品，由其他人工制品所制造的，我们称之为图像。"[45]

在现代主义者的写作中强烈表达出了视觉统治的特征，例如柯布西耶（Le Corbusier）的描述："只有当我能看见的时候我才存在于生活中"；[46]"我坚持做一个顽迷不醒的视觉的人——所有的东西都存在于视觉之中"；[47]"一个人需要看清事物才能理解它"；[48]"我劝你睁开双眼吧。你睁开眼睛了吗？你练习过睁开双眼吗？你知道怎样去睁开双眼吗？你是否常常、永远和好好地睁开它们吗？"；[49]"人们通过他们的眼睛看到了建筑的创造，在距离地面5至6英尺的高度"；[50]并且，"建筑是一个有塑性的东西，我所说的正是通过眼睛的度量与所见而产生的'塑性'。"[51]——这使早期现代主义理论中双眼的优先权清晰地呈现。更进一步有格罗皮乌斯（Walter Gropius）的宣言："他们（设计者）必须适应科学事实中有关光学的知识，由此建立理论基础以指导双手创造形式，并且建立客观的根基。"[52]莫霍里 – 纳吉（Laszlo Moholy-Nagy）也说："视觉的卫生，可见的健康正在慢慢渗透。"[53]这些都证实了现代主义思想中视觉的中心角色。

柯布西耶著名的信条："建筑是把许多体块在光线下组装在一起的熟练、精准而壮丽的表演"[54]，毋庸置疑地定义了一种眼睛的建筑。然而，柯布西耶是一位拥有着塑性双手的杰出艺术天才，他对物质、塑性及重力有着浓烈的感知，所有这些使他的建筑并未堕入感知极少主义。尽管柯布西耶反对笛卡尔的视觉中心论，但他的作品中却存在着对手同对眼睛同样的盲目崇拜。在他的草图和绘画里表现出一种健硕有力的触觉元素，而且这种触觉敏感性也被融入到他的建筑关注中。然而，这种减少感官的偏向导致了他城市规划的破坏性。

密斯·凡·德·罗（Mies van der Rohe）的建筑，由一种正面的透视感官主宰着，但正是他独特的秩序、结构、重量、细部以及工艺感却极大地丰富着建筑视觉范式。此外，一个建筑作品的伟大也正是因为它成功融合了那种对抗着、矛盾着的张力及暗示。为了引发观赏者的情感参与，建筑作品需要具有一种介于蓄意与无意之间的张力。"在每个案例中，(设计师）需要同时给出相反的解决方案，"阿尔瓦·阿尔托（Alvar Aalto）如是说[55]。我们通常不应该从表面价值来解读艺术家和建筑师的说辞，因为它们往往仅表达了一种意识表面的合理性或辩护，它们可能与更深层但却真正给予作品生命力的无意识的意图存在着激烈的矛盾。

同样清楚的是，视觉范式也成为了城市规划的普遍状态，从文艺复兴时期理想化的城镇规划到反映着"视觉卫生"（hygiene of the optical）的功能主义原则的规划与分区。尤其，如今的城市，越来越变成了眼睛的城市，高速机动化运动，或是从飞机上总体的空中鸟瞰，使城市更加脱离了我们的身体。规划的过程已经开始青睐于理想化与脱离现实的笛卡尔眼睛，它们控制与分离。城市规划通过正如让·斯塔罗宾斯基（Jean Starobinski）定义的那样俯瞰[56]，或者柏拉图的"心智的眼睛"变得高度理想化与系统化。

直到现在，建筑理论与评论仍然仅限于视觉原理和视觉表达。对建筑形式的感知与体验最通常的分析是利用视觉感知的格式塔原理。教育哲学同样主要通过视觉来理解建筑，强调着在空间中对三维视觉图像的构筑。

视觉图像的建筑

由于追求引人注目和过目不忘的视觉形象的建筑类型大行其道，最近三十年内在建筑艺术领域里对视觉中心的倾向从来没有这么明显过。建筑采用了广告和速效推销的心理战术，而不是一种基于现实存在的塑性空间体验。建筑变成了同存在的深度和真挚情感相脱离的视觉产品。

大卫·哈维（David Harvey）将在当代表达中"缺乏短时性而追求瞬时影响"与缺乏体验深度联系起来[57]。弗雷德里克·詹姆逊（Fredric Jameson）用"人为的无深度"来描述当代文化状况，以及"它的外观、表面的定像和缺乏持久力的即时的影响"[58]。

由于当今视觉洪流的泛滥，我们这个时代的建筑往往只呈现为纯粹的视觉艺术，这样完成了一个始于希腊思想和建筑认识论的循环。但是这种变化不仅仅是视觉成为主导，建筑变成了由相机匆忙的视觉所固定下来的影像，而不是情境下身体与世界的相遇。在我们的图像文化里，凝视本身被扁平化为一张图片，从而失去了它的可塑性。不去亲身体验于世的存在，我们却只是满足于投射在视网膜上世界的表象，把自己当成旁观者。大卫·米歇尔·勒文（David Michael Levin）用"正面本体论"（frontal onology）来形容流行的、前端的、固定的和聚焦的视觉[59]。

苏珊·桑塔格（Susan Songtag）针对照片对我们理解

世界的作用有过意味深长的评论，她提到过一种"将我们的世界看作是潜在摄影布景的心理状态"[60]，还有这样的评论，"事实似乎变得越来越像我们用照相机所呈现的"[61]，还有，"照片的无处不在对我们的观念产生了无法估量的影响。通过向本来已拥挤不堪的世界继续添加它的复制品，照片让我们感到世界仿佛更加触手可及，可事实上并不是这样"[62]。

当建筑丧失了它们的可塑性，以及它们同人类身体语言与智慧的联系时，它们就在冰冷、遥远的视觉领域内被孤立了起来。由于缺乏为人类身体——尤其是手——精心设计的触感、尺度和人工细节，于是建筑物就变得令人厌恶的单调、边缘锋利、无关紧要和不真实。结构从真实的物质与手工的脱离进一步将建筑变成了眼睛的舞台，变成了缺乏材料、结构真实感的透视画，"灵氛"（auar）的感觉，存在的真实性——瓦尔特·本雅明（Walter Benjamin）称之为艺术作品最珍贵的价值，而今已丧失殆尽。这些工业化的产品将它们的建造过程隐藏，看来如同鬼魅一般，建筑上对反射玻璃不断增长的应用更是增加了这种梦幻般的不真实性与疏远性。这些看似透明的建筑却好比有着不透明的矛盾性，它将人的凝视原封不动地反射回去，我们无法看见或想象这样墙体背后的生活。这些归还了我们的凝视，复制了世界景象的建筑镜子，真是神秘可怕的装置。

物质与时间

实体感知的弱化使得当下标准化的建造更加乏味，自然

36

的材料——石头、砖块和木材——准允我们的视线穿透它们的表面，并且让我们相信物质的真实。自然的材料透露出它们的年龄和过去，以及它们出身的故事和它们被人类使用的历史。所有物质都存在于时间的延续中；磨损的锈迹将更丰富的时间经历加入到物质的构造中。但是如今机械制造的材料——无尺度的大块玻璃，抛光的金属与合成塑料——试图向我们的眼睛呈现它们坚硬的表面，而隐藏它们的材料本质或年龄。这种科技时代的建筑物通常蓄意追求永葆青春的完美，它们不含时间的维度，也没有不可避免的和在心理上具有重大意义的衰老过程。这种对消磨痕迹与老化的恐惧和我们对死亡的恐惧相关联。

透明性、失重以及漂浮感都成为了当代艺术与建筑的核心主题。近几十年来，一种新的建筑形象已经出现，它采用反射、透光等级、覆盖以及并置来创造空间的厚度感，以及微妙多变的运动和光感。这种新的感知促成了新的建筑，它能将当今科技建造的非物质性和失重感转化为积极的空间、场所和有意味的体验。当下环境里渐渐匿迹的时间体验有着破坏性的精神作用。美国医师戈特哈德·布思（Gotthard Booth）曾有言道："没有什么能比参与人类生命的交替过程给予我们更大的满足。"[63] 我们有一种精神需求以确认我们生活在时间的长河中，而在人造世界里，正是建筑推进了这样的体验。建筑驯化了无限的空间并使我们栖居其中，但它也应安置无尽的时间，使我们能安居于时间的延续中。

当今过分强化的建筑思维与概念导致了它的物质性、感官性与实体本性的消失。充作当代先锋的建筑，通常忙于建筑自身的宣讲以及描述这一艺术可能的边缘领域，而非回应人类存在的问题。这颇有缺失的重心引发了一种建筑的自我中心主义，它是一场限于主观及自治的，却脱离了我们共同存在现实的建筑讨论。

　　建筑以外，当今普遍的文化也向着人类与现实关系的疏远、感官冷漠、情欲衰竭的方向偏离。绘画与雕塑似乎也失去了它们的官能性；替代了亲密感知的营造，当代艺术作品通常表达了对感官好奇与愉悦的遗弃。这样的艺术作品，表达的是才智和概念能力，而不是探讨各种感觉和无区分的身体反应。没完没了的互不关联的图像轰炸只会逐渐导致图像情感内容的抽离。图像被转化成了无穷无尽的商品，来延缓我们的乏味；人类也相继被商品化，漠不关心地消费着他们自身，却没有面对实实在在的现实的勇气或者可能。我们被迫生活在一个伪造而虚幻的世界。

————————

眼睛的城市——触觉的城市

5　当代的城市是视觉的城市，是有距离的和外在的。

东京城市中心的图像。
尤哈尼·帕拉斯玛照片档案。

6　触觉的城市是具有内在化与亲密感的城市。

西班牙南部，卡萨雷斯（Casares）小山城。
帕拉斯玛拍摄。

5

6

我不想效仿汉斯·塞德迈亚（Hans Sedlmayr）在他那令人深思却恼人的著作《危机中的艺术》[64]（Art in Crisis）里的口吻，来表达一种对当代艺术的保守看法。我只想指出，一个显著的变化已经在我们对世界的感觉与认知体验中发生，这变化体现在建筑与艺术中。如果我们渴望建筑起到一种解放与愈合的作用，而不再加强其对存在意义的腐蚀，我们必须思考各种秘密的方式，让建筑艺术与它所处时代的文化与精神现实紧紧相连。我们也需要意识到在诸多方式下，建筑的可行性正在遭受当前政治、文化、经济、认识以及感知发展的威胁与边缘化。建筑已经成为濒临危险的艺术形式。

抵制阿尔伯蒂之窗

当然，眼睛本身已经不是文艺复兴时期的透视理论定义的那种单眼的（monocular）、固定的构造，具有统治力的眼睛已经在视觉感知和表达中占据了新的领域。例如，希罗尼穆斯·博斯（Hieronymus Bosch）和彼得·勃鲁盖尔（Pieter Bruegel）的绘画，已经邀请眼睛在绘画中复杂的事件、场景里做一番旅行。17 世纪荷兰中产阶级生活的绘画作品描绘了非正式的场景和日常生活用品，它们都超越了阿尔伯蒂之窗的界限。巴洛克绘画则以朦胧边缘、柔和焦点和多重透视的手法开拓了视域，展现出截然不同的触摸吸引力，引领身体穿透那幻觉的空间。

现代主义发展的一条基本主线就是将眼睛从笛卡尔式的感知认识论中解放出来。约瑟·玛洛德·威廉·透纳（Joseph

Mallord William Turner）的绘画继续着巴洛克以来，消除画框和有利视点的做法；印象派则抛弃了轮廓线、平衡的结构和透视的深度；保罗·塞尚（Paul Cézanne）推崇"展现世界是如何触摸我们自身的"[65]；立体主义摒弃了单一焦点，恢复了周边视觉的活力，以及加强了触觉的体验；而色彩领域的画家们拒绝虚幻的深度，从而加强画作自身作为图像手工品与自治现实（autonomous reality）的存在；大地艺术家将艺术作品与现实世界融合在一起，最终，艺术家诸如理查德·塞纳（Richard Serra），直接探讨身体以及我们对于水平、垂直、材料、重量和质量的体验。

不顾视觉文化上的统治地位，对抗透视眼睛统治的逆流同样出现在现代建筑领域。弗兰克·劳埃德·赖特（Frank Lloyd Wright）那具有肌肉运动知觉（kinesthetic）和质感的建筑，阿尔瓦·阿尔托那肌肉感（muscular）与充满触感的建筑，还有路易斯·康（Louis Kahn）充满几何与重力感的建筑都是特别重要的实例。

新视觉与感官的平衡

或许，排除眼睛暗含的控制和权力的欲望，正是我们时代未聚焦的视觉，重新具有了打开新视野和思想的能力。由图像洪流引发的焦点的丧失，可能将眼睛从它的专制地位中解放出来，并且带来一种参与其中的富含深情的凝视。直至今日，科学技术对感觉的延伸加强了视觉的第一地位，但是新的技术也可以帮助"身体……废黜它作为脱离实体的笛卡尔旁观者那漠不关心的注视"。[66]

马丁·杰（Martin Jay）评论道："与文艺复兴时期那清晰、线性、实体、固定、平面、封闭的形式相反……巴洛克是强调色彩的、消隐的、焦点模糊的、多样的以及开放的。"[67] 他也说道："巴洛克的视觉体验具有一种非常强烈的触觉特征，这避免它成为与其相对的笛卡尔透视观察者所采用的绝对视觉中心主义。"[68]

———————

建筑与人体

7　我们往往把一个建筑物比作我们的身体来理解，反之亦然。

雅典卫城上的伊瑞克提翁神庙的女像柱（公元前421 ~ 405年）英国博物馆，伦敦。

8　自古埃及王朝以来，人体测量法被用于建筑。但在现代，人类中心说传统已经几乎被遗忘殆尽。

奥利斯·布隆姆斯达特（Aulis Blomstedt）对建筑比例系统的研究，是根据毕达哥拉斯的人体180cm基准细分测量的（可能始于20世纪60年代初）。

7

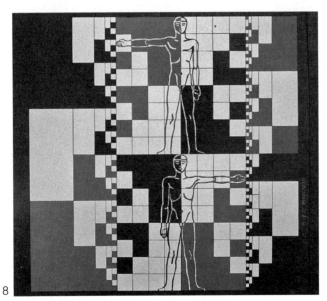

8

通过当代视觉图像的触觉存在，触觉体验似乎正在重新渗透入视觉体统。比如，在一个音乐录影带里，或在当前多层次的城市透明性里，我们无法停止用于分析观察的图像洪流；相反，我们可以把它作为一种加强的触觉体验来欣赏，这倒像一个游泳者感受着冲刷他（她）们肌肤的水流一样。

在大卫·米歇尔·勒文透彻而发人深思的《视觉的开放：虚无主义和后现代主义状况》（The Opening of Vision: Nihilism and the Postmodern Situation）一书里，他区分了两种形式的视觉："武断的凝视"（the assertoric gaze）和"真理的凝视"（the aletheic gaze）。[69] 在他看来，武断的凝视是狭隘的、教条的、偏执的、死板的、无变通的、排他的以及无动于衷的；而真理的凝视，与真理的解释学理论相联系，倾向于从众多的视点和角度来看，它是多样的、多元的、民主的、有语境的、包容的、延展的和关怀的。[70] 如勒文所言，有迹象显示新的观看之道正在浮现。

尽管新技术已经加强了视觉的统治地位，但它也可以帮助重新平衡各种感官领域。在沃尔特·翁（Walter Ong）的观念里，"借助电话、广播、电视以及各种声音的媒介，电子技术已将我们带入到'二次口头'的时代。这种新的口头形式与原始的口头在共同分享的神秘性上，在它对公有意识的培养上，在它对在场的关注上，有着惊人的相似。"[71]

人类学家阿什莉·蒙塔古（Ashley Montagu）写道："我们西方世界的人正开始发现被遗落的感觉。这种日益增长的认识代表了某种迟迟到来的叛乱，它抵制着我们在当今科技世界被痛苦剥夺的感官体验。"[72] 这种新的觉悟被当今世界各地众多建筑师强有力地实践着，他们试图通过加强的物质性与可触摸性，肌理与重量，空间密度与物质化的光影，重新恢复建筑的感官体验。

PART TWO

第二部分

正如前文简要介绍的那样，视觉优于其他感觉的统治地位是西方思想界无可争议的主题，同样也是我们这一世纪建筑界的明显倾向。当然，建筑的消极发展，强烈地被管理、组织和生产的力度与方式有力支撑，也被科技自身理性抽象的普遍影响所掌控。在感觉领域内的消极发展也不能直接归咎于视觉在历史上的统治地位。生理学、感知学和心理学的诸多事实证明视觉感知是我们最重要的感觉。[73] 问题在于眼睛从与其他感官形式本能的相互关联中孤立出来，同样在于它对其他感官的排斥和压制，这导致对世界的体验逐渐被缩减与限制于视觉的范围里。这种分离与削弱让感知系统原本固有的复杂性、整体性与可塑性分裂开来，加强了一种冷漠和疏远感。

在这第二部分中，我将探讨感觉之间的相互影响，并且传达一些我对建筑表达、体验的感觉领域的个人印象。在文章中我倡导一种感官建筑，以对比那些视觉解读占主导地位的建筑艺术。

以身体为中心

我通过身体与城市相遇；我用双腿丈量着拱廊的长度和广场的宽度；我的目光下意识地将我的身体投射到教堂的立面上，它掠过线脚与轮廓，感受着建筑凹凸的尺度；我身体的重量与沉重古老的教堂大门相遇，当我进入门后黑暗的虚空时，我的手紧紧抓住门的把手。我在城市中体验到自身，而城市通过我具体的体验而存在。城市和我的身体互为界定与补充。我栖居在城市里，城市同样存在于我的身心中。

梅洛－庞蒂（Merleau-Ponty）的哲学观把人的身体作为世界体验的中心。他一直讨论的正如理查德·卡尼（Richard Kearney）所总结的那样，"正是通过将身体置于生活意识的中心……我们选择了世界，同时世界选择了我们"。[74]用梅洛－庞蒂自己的话来说，"我们的身体处于世界中，就像心脏处于身体中：它使得可见的景象富有生命力，并将生活吸入体内并保持其沉于内心的感受，从而形成一个系统"；[75]还有，"与本能的认知不同，感官的体验是不稳定且不尽相同的，我们通过整个身体瞬间得到这样的体验，并展开一个感官交互的世界"。[76]

感官体验通过身体，更确切来说，是以身体构造和人类存在的模式，而变得相融合。心理学理论将身体图像（body image）即身体图式（body schema）的概念作为整合的中心。我们的身体和运动无时无刻不与周围的环境相互作用；世界和自身不断地影响和重新审视对方。对身体与对世界图像的认知合为一种连续存在着的体验；没有一种身体可以与它栖居的空间分离，同样也没有一个空间不与有感知的身体相连。肯特·C·布卢姆（Kent C Bloomer）和查尔斯·W·摩尔（Charles W Moore）在他们的著作《身体，记忆和建筑》（Body，Memory，and Architecture）中谈道："身体图像在生命的最初基本上是依靠触觉和方位的认知得到的。我们的视觉图像在后来才得到发展，而且对它们的理解也是建立在之前触觉的经验之上。"[77]这本书也是最早讨论身体和知觉在建筑体验中的作用的著作之一。他们还提到："今天我们的居所缺失的是身体、想象和环境之间潜在的交流"[78]……"至少从某种程度而言，每一个场所都会被铭记，部分是因为它的独一无二，但更重要的是因为它作用于我们的身体并且产生了足够的联想，我们将它把握在我们的个人世界中。"[79]

多重感觉的体验

得益于所有感官形式强烈的交互作用，穿越森林的行走令人心旷神怡及倍感疗慰。巴什拉（Bachelard）提及过"多重感官的复调（polyphony of the senses）"[80]——眼睛和身体还有其他感官共同合作，这种感官的交互加强并清晰呈现了一个人的现实感。建筑本质上是自然进入人造领域的延伸，它为感知提供基础，为体验和理解世界展开眼界。它不是孤立自足的人工制品，它把我们的关注和存在体验引向更广阔的境界。建筑也赋予了社会制度，以及日常生活状况一种物质和概念的结构。它将时间的轮回，太阳的运动和时间的流逝具体化。

每一次令人感动的建筑体验都是多重感觉的：眼睛、耳朵、鼻子、皮肤、舌头、骨骼和肌肉同时度量着空间、物质和尺度的特质。建筑加强了存在的体验，一个人存在于世的感觉，这实质上是一种被强化了的自我体验。不是单纯的视觉，也不单是传统的五种感觉，建筑包含诸多感官体验的领域，它们相互影响且彼此相融。[81]

心理学家詹姆斯·杰尔姆·吉布森（James J Gibson）将各种感觉看作积极进取的追寻手段，而不是消极的接收者。替代传统中那五种相互分离的感觉，吉布森将感觉归属为五种知觉系统：视觉系统，听觉系统，气味系统（味觉与嗅觉），基本的定向系统和触觉系统。[82] 斯坦纳（Steinerian）的哲学认为：事实上我们使用着多达 12 种感觉。[83]

眼睛渴望与其他的感觉合作。所有的感觉，包括视觉，都可以被看作触觉的延伸——皮肤的特有属性。它们定义了皮肤与环境之间的界面——在不透明的身体内部和外部世界之间。在勒内·史毕兹（René Spitz）看来，"所有感知始于口腔，它作为一座原始的桥梁让内心感受通往外部知觉"。[84] 眼睛甚至也能触摸：凝视就意味着无意识的触摸，身体的模仿与辨认。就像马丁·杰（Martin Jay）描述梅洛 – 庞蒂（Merleau-Ponty）的感官哲学时所做的评论："通过视觉我们触摸到了太阳与星星"，[85] 在梅洛 – 庞蒂之前，18 世纪的爱尔兰哲学家和牧师乔治·贝克莱（George Berkeley）将视觉和触摸联系起来，并且认为如果没有触觉记忆的参与，对物质性、距离和空间深度的视觉理解就不可能实现。在贝克莱的观点里，视觉需要触觉的帮助，因为触觉给予了人们"坚固、耐久和突出隆起"[86] 的感觉；脱离了触觉的视觉不可能"理解距离、客观存在与深度，也就更不可能理解空间和身体"，[87] 与贝克莱相一致，黑格尔（Hegel）声称，唯一能给予空间深度的感觉就是触觉，因为触摸"感觉着物质实体的重量、阻力和三维形态（格式塔），从而令我们意识到事物从我们自身向各个方向延伸"。[88]

视觉揭示了触觉已知的东西。我们可以将触觉感知看作是一种无意识的视觉。我们的眼睛抚摸着远距离的表面、轮廓与边缘，而无意识的触摸感决定了这种体验的愉悦或不快。远与近被同等程度地体验着，它们最终合为一种一致的体验。如梅洛 – 庞蒂所说：

　　我们看见了物体的厚度，它滑溜溜、软绵绵或硬邦邦的质地——塞尚（Cézanne）甚至说我们看见了物体的气味。如果画家想表现世界，他必须使色彩的布局能表现这个不可分割的整体，否则他的画面只会显示某些事物，而表现不出它们不可一世的一致性、独特的风格和难以超越的丰富性，而这些对我们来说就是真实的定义。[89]

伯纳德·贝伦森（Bernard Berenson）进一步发展了歌德（Goethe）的观点：艺术的作品必须"推进生活"（life-enhancing）[90] 他指出当我们体验一件艺术作品的时候，我们想象着通过一种"设想的感知"（ideated sensations）完成真实的身体的相遇。这其中最重要的是他所说的"触觉的价值"（tactile values）。[91] 在他看来，真正的艺术作品刺激了我们的触摸设想感知，并且这种刺激推进了生活。的确，我们感受到了皮埃尔·伯纳德（Pierre Bonnard）沐浴裸体画中浴缸里水的热度，以及透纳（Turner）风景画里湿润的空气，我们也可以感受到马蒂斯（Matisse）画作里面向海景的窗口，阳光炙热，凉风习习。

同样，一件建筑作品会产生不可分割的印象综合体。与弗兰克·劳埃德·赖特（Frank Lloyd Wright）流水别墅的一次生动相遇，编织起这座房子的体积、表面、肌理、色彩以及周围的森林，甚至树林的味道与河流的声音，最终融为独特而丰富的体验。一件建筑作品不应该被当作一系列孤立的视觉图像来体验，我们应该关注它具体的物质材料和精神的存在。建筑作品同时融入了物质与精神的结构，在真实的建筑体验中，建筑视觉的正面描绘就不见了。优秀的建筑为眼睛愉悦的触摸提供了形状和表面，就像柯布西耶所说："轮廓和外形是建筑师的试金石"，这揭示了他对建筑的视觉理解之外也加入了触觉的因素[92]。

一种感官领域的图像进一步滋养了另一种感官形式的意像。当前的形象引发了记忆、想像和梦境的图像。巴什拉写道："房子的主要意义在于它们安置了我们的白日梦，并保护了做梦的人，这房子令人们安详徜徉梦境中。"[93] 但更重要的是，建筑空间限定、阻止、加强并使我们关注于自己的所思，防止它们迷失方向。我们可以在户外梦想并感知着我们的存在，但我们需要建筑的几何体房间来更加清晰地思考。思想的几何形回应房间的几何形。

在《说茶》（The Book of Tea）一书里，冈仓天心（Kakuzo Okakura）细致地描写了由一个简单的茶仪式引发的多重感官的图像：

> "一切静悄悄的，没有任何东西打破这寂静，只剩下铁壶里开水的沸腾声。茶壶欢愉地歌唱，一些铁片被安置于壶底以发出特殊的音响，在这音响中人们可以听到种种回声：云雾缭绕的瀑布，远处海水撞击着岩石，暴风雨掠过的竹林，或者远远的小山上松林中风声飒飒。"[94]

在冈仓天心的描述中，在场与缺失，临近与距离，感受到的与想象的交织在一起。身体不只是一个物质的实体；它被记忆和梦境，过去与未来所充实。爱德华·S·凯西（Edward S Casey）甚至认为：缺失了身体的记忆，我们几乎会丧失回忆的能力。[95] 世界被印记在身体里，我们也将身体投射到外在的世界。就像我们通过神经系统和大脑记忆一样，我们同样通过身体进行记忆。

感觉不仅传递信息以提供理性的判断，它也是一种激发想像和表达感觉思维的手段。每种艺术形式都通过其特有的媒介和感官的参与来精心阐述深奥的存在的思想。在梅洛－庞蒂看来，"任何绘画的理论都是形而上学"，[96] 但是这陈述也可以被沿用到艺术的实际操作中，因为每幅画本身都基于对世界本质的含蓄设想。保尔·瓦雷里（Paul Valéry）说，画家们作画时"投入了他们的身体"。梅洛－庞蒂却说："确实，我们无法想象思维本身如何作画。"[97]

同样不可思议的是，我们能够想到一种纯粹大脑的建筑，而不是体现人类身体及身体在空间中活动的建筑。建筑艺术也忙于探讨有关人类在世的形而上学和存在的问题。建筑的创造需要清晰的思考，但这是一个特殊且具体的思考方式，它发生在感觉与身体中，并且正是通过建筑这个媒介。建筑通过"可塑的情感"（plastic emotions）[98]，精心推敲和传递着人类亲身同世界接触的思想。在我看来，建筑的任务就像梅洛－庞蒂在评论塞尚绘画中的描述，是"让世界如何触摸我们变得清晰可见"。[99]

––––––––––

参与的城市——疏离的城市

9 充满感官接触的城市。

莫普提的一个街道，马里。尤哈尼·帕拉斯玛拍摄。

10 感官被剥夺的现代城市。

巴西利亚某商业区，巴西，1968 年。尤哈尼·帕拉斯玛拍摄。

9

10

阴影的重要性

眼睛是有距离感和分离感的器官，然而触觉却是靠近、亲密和爱慕的感觉。眼睛审视、控制和调查，而触觉接近、爱抚。在激情澎湃的情感体验中，我们倾向于关掉有距离的视觉感官——我们在做梦、听音乐或者爱抚亲爱的人时会闭上眼睛。深度的阴影和黑暗是必不可少的，因为它们让锋利的视觉黯淡，让深度和距离变得模糊不清，而且引发下意识的周边视觉和触觉的幻想。

一个交替更迭在黑暗与光明领域的老城街道，比起当今处处明亮的街道，是多么富有神秘感和诱人的氛围！想象力和白日梦被黯淡的光线和阴影唤起。如果想要清晰的思考，就必须抑制锋利的视觉，让思绪飞扬在不经意且没有固定焦点的凝思中。均质的明亮光线使想象力麻痹，同理，均质的空间削弱了存在的体验，而且抹去了对场所的感知。人类的双眼在黄昏和黎明时感受到最和谐的光芒，比明亮的日光更合适。

薄雾和晨曦通过让视觉图像不清晰和不明确来唤起想象力；一幅描绘山中薄雾的中国风景画，或是龙安寺禅宗花园中仔细耙过的沙庭，都能唤起一种没有焦点的注视和那种恍惚、冥想的状态。那漫不经心的凝视洞穿物质图像的表面而聚焦无穷远。

谷崎润一郎（Junichiro Tanizaki）在他的名作《阴翳礼赞》（In praise of Shadows）中指出，日本料理甚至都依靠阴影，与阴暗密不可分："当羊羹被装进漆盘端上餐桌时，那种场景就好像房间的黑暗在舌尖融化。"[100] 作者提醒我们，在旧时，艺妓涂黑的牙齿和黑绿色的嘴唇连同她涂白的面容都在试图强调房间的暗淡和阴影。

　　同样的，卡拉瓦乔（Caravaggio）和伦勃朗（Rembrandt）画中格外强烈的聚焦和存在感都有赖于阴影的深度，在他们的画作中，主人公被嵌在背景中就像珍贵的物品被置于暗色的天鹅绒背景上，吸收了所有的光线。阴影给了阳光下的物体以形状和生命，同时也提供了幻想和美梦萌生的场所。绘画中的明暗对照法也是建筑大师的技巧，在伟大的建筑空间中，有一种阴影和光明持续不停地深沉地呼吸：阴影将光线吸入，亮处将光线呼出。

　　在我们的时代，光线变成了纯粹数量上的问题，窗户也失去了其作为在两个世界、围合与开放、室内和室外、私密和公共、阴影和光明之间调解者的重要性。失去了它存在论的意义，窗户就变成仅仅是一部分缺失的墙面。现代建筑界真正营造亲密感、神秘感和阴影的魔术师路易斯·巴拉干（Luis Barragan）这样写道：

　　　　"以大片玻璃的使用为例……它们剥夺了建筑的亲密感，阴影效果和氛围感。全世界的建筑师在大面积玻璃和向外开放空间的比例应用上都犯了错误……我们失去了私密生活的感觉，我们被迫过公共生活，从本质上远离了家的意义。"[101]

　　同样，通过降低灯光强度、不规则的照明分布，大多数的当代公共空间能够更舒适。阿尔瓦·阿尔托设计的珊纳特赛罗市政中心（Saynatsalo）幽暗的议会厅内部重新创造了神秘如神话般的社区感觉——黑暗能够营造团结的氛围，并且加强演讲话语的力量。

在情绪激动的状态，感觉的刺激似乎有这样的转换，从更精致的向更古旧的，从视觉的向下到听觉的、触觉的和嗅觉的，从光明的向阴影的。一种试图控制民众的文化多半会向相反的方向推进，它远离个人私密与个性，最终导向一种公共又疏远的分离。一个充满监视的社会必然是一个充斥着刺探隐私与残酷成性的目光的社会。一种有效的精神摧残的办法就是利用持续高强度的照明，不给大脑以回旋和私密的空间；个人自身内心的深谙甚至也被暴露和冒犯。

听觉和嗅觉的建筑

11 在历史的城镇或空间中，声音的体验加强并丰富了视觉的体验。

勒·托恩奈特（Le Thoronet）早期的西多会（Cistercian）修道院，最初于 1136 年在 Florielle 建成，1176 年移建于现在的位置。大卫·希尔德（David Heald）拍摄。

12 在丰富又愉快的场所体验中，所有的感觉领域互相作用并且融入该场所难忘的图像中。

嗅觉的场所：埃塞俄比亚哈拉尔的调味品市场。尤哈尼·帕拉斯玛（Juhani Pallasma）拍摄。

11

12

音响的亲密感

视觉隔离，而声音融合；视觉有方向性，而声音是多方位的；视觉意味外向性，而声音创造了一种内在的体验。我关注着一个物体，而声音向我靠近；目光到达，而耳朵已听见。建筑物无法对我们的凝视作出反应，但它却将我们的声音返回到我们的耳朵。"置于中心的声响影响着人类的宇宙感知，"沃尔特·翁写道，"在原始的口头文化里，宇宙是将人视为中心的持续进行着的事件。人类是世界的肚脐，是世界的中心。"[102]令人深思的是，当下精神上自我中心感的缺失，可以或至少部分可以归咎于一个完整的听觉世界的消失。

听觉形成并清楚地表达了对空间的体验和理解。而我们却常常忽略了空间体验中声音的重要意义，尽管声音通常在根深蒂固的视觉场景中仅提供短暂的延续。比如，当我们抹掉电影的配音，那些场景将失去它强烈的塑性和连贯生动的体验；就像默片的确必须通过喜怒形于色的过火表演方式，来弥补无声的缺陷。

英国画家及散文作家阿德里安·斯托克斯（Adrian Stokes），对空间和声音，石头和声响的交互作用做了一番敏锐的观察。他写道："建筑就像人类的母亲，是很好的聆听者。长长的声响，不管是独特的还是似乎混合起来的，安抚着那些宫殿的洞口，从宫殿渐渐沿着河流或道路向后倾斜远去。一声长鸣用它的回声完成这石头的使命。"[103]

任何一个在夜间城市里忽然被火车或者救护车吵到半醒的人，和在睡梦中同无数散布在各个城中住所里的居民体验城市空间的人，都深知声音对想象的支配力。夜晚的声响是对人类孤独和死亡的提示，并且它使一个人感受到整个正在沉睡的城市。任何一个在黑暗废墟中陶醉于嘀嗒作响的水声的人，都能证实耳朵将一种建筑体量雕刻成黑暗的空虚感的非凡能力。耳朵在黑暗中描绘的空间就成了直接在内心塑造的洞穴。

S·E·拉斯姆森（Steen Eiler Rasmussern）的代表作《体验建筑》（Experiencing Architecture）的最后一章有一个醒目的标题"聆听建筑"[104]。作者描写了各种尺度的听觉特征，并且回忆了奥逊·威尔斯（Orson Welles）的电影《第三个人》（The Third Man）里维也纳地下通道中的声音体验："你的耳朵同时感受到了隧道的长度和它圆筒的形状。"[105]

人们也能回忆起一座久未人居，没有家具陈设的房间里回荡的粗糙声响，这与有人居住之家的和蔼气氛有所不同，家屋里的声响被个人生活中数不清的物件表面所折射、所柔化。每一个建筑或空间都有它亲切或沉重，吸引或抵制，友好或敌意的声音特征。建筑空间通过它的视觉形态也通过它的回响被我们所理解和评价，但通常声音的感受被视为潜意识下作为背景的体验。

视觉是孤独的观察者，而听觉创造了一种关联与团结的体验；我们的目光在黑暗深邃的教堂中孤独游荡，但声音器官令我们立刻感受到与空间的亲近。我们孤零零目不转睛地看着马戏团的悬空表演，但惊险后的闲暇中所爆发出的热烈掌声，才将我们与其他欢呼的人群紧紧相连。一个小镇街道里回响着的教堂钟声让我们深感自己是成长于斯的公民。一条简单铺砌的小道上传来的脚步声激发了我们的情感，因为从周围墙体反射回来的声响让我们与空间做最直接的交流；声音丈量了空间并使它的尺度令人理解。我们用耳朵抚摸空间的轮廓。港口上海鸥的叫声唤醒了我们对大海无边，海平无限的感知。

每座城市都有自己的声音，这取决于城市街道的样式和尺度以及它们盛行各异的建筑风格和材料。一座文艺复兴时代的城市的声音就与巴洛克城市不尽相同。但我们现代的城市似乎都已丢失它们的回响。现代街道宽阔、开放的空间无法返回声响，并且当今建筑的室内回声也被吸收与压制了。商场中心和公共空间里播放的录制的音乐消除了我们掌握空间声音音量的可能。我们的耳朵被遮蔽了。

静默、时间和孤独

建筑能够创造的最重要的听觉体验就是宁静，建筑上演了将结构无声化为物质、空间和光线的一出戏剧。说到底，建筑是一门将静默石化的艺术。当混乱的建造工作停止，工人们的喧闹声也远去时，一栋建筑就变成了一座耐心等待中的静默的博物馆。在埃及神庙中我们与包围着法老们的宁静不期而遇，身处哥特教堂的宁静中我们不禁想起了格列高利圣歌最后一个逝去的音符，而万神庙的墙壁上罗马人的脚步好像刚刚远去。老房子把我们带回到过去缓慢的时间和静默中去。建筑的寂静是一种有回应的、唤起记忆的寂静。强烈的建筑体验平息所有的外部嘈杂；它能让我们的注意力集中于我们自身独特的存在，而且正像所有其他艺术一样，它让我们意识到根本的孤独。

19 世纪令人难以置信的提速把时间压缩到现时的平面屏幕上，在这一平面上世界的同时性被展现。由于时间失去了延续性，和对原始过往的回应，人们就会丢失自己作为历史存在的感觉，并被"时间的恐慌"（terror of time）[106] 所威胁。建筑把我们从现时的束缚中解放出来，让我们能体验缓慢的、逐渐恢复的时间流动。建筑和城市是时间的装置和博物馆。它们让我们看到并理解历史的径流，让我们参与到超越个体生命的时间周期中。

建筑将我们与死亡联结：通过建筑我们能够想象中世纪街道的喧闹，描绘靠近教堂时庄严的游行场面。建筑的时间是被滞留的时间；在最伟大的建筑前时间会停止脚步。在卡尔纳克神庙伟大的柱廊下，时间已经石化为不动的、永恒的现时。在巨大的石柱间的静静的空间里，时间和空间被永久牢固地锁在一起；物质、空间和时间融合成一种单一的基本体验，即存在感。

现代主义的伟大作品已经永远地停止了乌托邦时代的乐观与希望；以至在几十年的艰难命途后，它们才散发出一阵春天与希望的空气。阿尔瓦·阿尔托的帕米奥疗养所（Paimio Sanatorium）由于它光芒四射的未来人道主义信仰，和这座建筑成功的社会使命，令人感动到心碎。勒·柯布西耶（Le Corbusier）的萨伏伊别墅（Villa Savoye）让我们相信理智与美丽、伦理与美学的统一。历经戏剧性的、悲惨的社会文化变迁，康斯坦丁·梅尔尼科夫（Konstantin Melnikov）在莫斯科修建的梅尔尼科夫住宅依然稳立见证着建造伊始的意志和乌托邦精神。

艺术品的体验是一场作品与观者的对话，排除了其他因素的交互作用。"艺术是记忆的表演"，"艺术是孤独者为孤独者创作的"，就像西里尔·康诺利（Cyril Connolly）在《不平静的坟墓》一书中所写的那样[107]。重要的是，路易斯·巴拉干在他收藏此书的影印本中强调了这些句子。[108] 一种忧伤的感觉暗藏在所有感人的艺术体验之中，这是一种关于美丽精神上短暂的悲伤。艺术投射出一个难以达到的范型（ideal），美的范型，片刻存在却触及永恒。

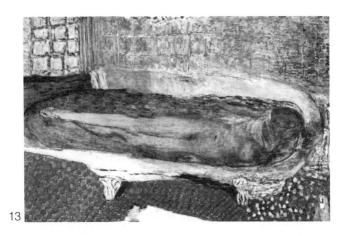

13

14

亲密的温暖空间

13 突出的亲密体验，家与保护感通过裸体肌肤而感知。

皮埃尔·伯纳德，浴中的裸体，1937 年，细节。普蒂帕莱现代美术馆（Musee du Petit-Palais），巴黎。

14 壁炉作为一个亲切而温暖的个人空间。

安东尼奥·高迪（Antonio Gaudi），巴特罗公寓（Casa Batllo），巴塞罗那，1904 ~ 1906 年。

气味的空间

我们只需一种物质的 8 个分子元素，就可以诱发我们神经末梢的嗅觉冲动，而且我们可以识别 10000 多种不同的味道。对任何空间最持续的记忆常常在于它的气味。我已无法回忆起孩提时通往我祖父农屋那扇大门的形象，但我却着实能想起那扇大门沉重的抵抗力，以及它因常年使用已生出锈迹古色的木质表面，特别记忆犹新的是家里的味道，它像门后一道看不见的墙，撞击着我的脸。每一个居所都有它独特的家庭气味。

一种别样的气味让我们不自觉地重新走入一个已被视网膜的记忆完全遗忘的空间；鼻孔唤醒了被遗忘的画面，我们被诱入到一场生动的白日梦里。鼻子让眼睛开始回忆。"记忆与想象保持着联系，"正如巴什拉（Bachelard）所写，"我独自徘徊在另一个世纪的记忆里，在那儿我能打开一个深深的，仍然只对我一个人保留着特殊味道的食橱，葡萄干的味道，风干在一个柳条编织的托盘里。那种葡萄干的味道无法用言语描述，是一种融入了许多记忆的味道。"[109]

走过一个古镇悠狭的小街，穿行在不同气味的空间里，这是一件多么令人愉悦的事情啊！糖果店的味道令人想起童年的天真与好奇；修鞋店的浓重气味令人联想到马匹、马鞍和马具的皮带，还有驾马驰骋时的兴奋；面包店的芳香投射出健康、营养和身体力量的图像，而糕饼店的香味儿让人想起中产阶级的幸福生活。渔村因水产和土地夹杂的气味特别令人难忘；海草散发的强烈气味让人感受到海洋的深度和分量，并且它将一切平凡的港口城镇变为了消逝的亚特兰蒂斯（Atlantis）图景。

旅行的特别乐趣是在气味与味觉的小天地中认识它。每座城市都有它独特的嗅觉和味觉体系。街道的商铺是各种味觉食欲的展示：海洋水产有着诸如海带的味道，绿色蔬菜带着肥沃的泥土芳香，水果散发着阳光和湿润的夏日空气的甜美。餐厅外挂着的菜谱让我们幻想着一道大餐的美味；眼睛阅读的文字变成了口腔中的感觉。

为什么被废弃的房屋总是充满类似的空洞的味道：是因为眼睛观察到的空旷刺激了特殊的嗅觉？海伦·凯勒（Helen Keller）能够识别"一座旧式的农屋，因为它有不同层次的味道，被家族的更替遗留下来，有植物、有香水也有装饰布料的味道"。[110]

在《马尔特·劳里茨·布里格记事》（The notebooks of Malte Laurids Brigge）一书里，赖内·马利亚·里尔克

（Rainer Maria Rilke）对一座老宅中的生活旧景作了一番精彩的描述，这座老宅虽已坍塌，而相邻房屋的墙面印迹却诉说着：

> "那里有正午，有疾病，有呼出的气息和经年累月的熏烟，有胳肢窝下涌出且使衣衫变沉的汗水，有嘴里陈腐的呼吸，汗湿的脚上散发出的杂醇味儿。那里有小便的臊味和煤烟灼烧的烟熏以及土豆阴沉的霉味，也有油脂日久积淀的浓烈恶臭。无人照看的婴儿那香甜，挥散不去的味道依然逗留，以及那些上学孩子们胆怯的味道，还有妙龄青年被窝里蠢蠢欲动的闷热。[111]"

与诗人笔下富有情感与联想力的嗅觉形象相比，当代建筑的视网膜图像当然显得贫瘠而无生气。诗人将隐匿在文字中的气味与味道释放出来。一位伟大的作家能够通过他的语言构筑起整整一座充满了所有生活杂味的城市。而有意义的建筑作品也能反映生活的全景。事实上，一位伟大的建筑师将隐匿在空间与形体中的理想生活图景释放出来。柯布西耶的一幅公寓屋顶花园的草图里，有一位妻子在楼上阳台给毛毯掸尘，丈夫在楼下击打着拳击袋，以及斯坦别墅（Villa Stein-de Monzie）厨房餐桌上的鱼和电风扇，这些都是现代建筑图像中少有的富有生活气息的案例。另一方面，梅尔尼科夫住宅（Melnikov House）的照片，揭示了这座象征性住宅的抽象几何形体与传统生活的平淡现实之间戏剧般的距离。

触摸的形状

赖内·马利亚·里尔克（Rainer Maria Rilke）在他关于奥古斯特·罗丹（Auguste Rodin）的文章中这样写道："人的手是复杂的器官，就像河口的三角洲一样，生命从遥远的源头汇集而来，涌现成伟大的行为洪流。手也有自己的历史；它们甚至有自己的文化和独到之美。我们赋予它们自我发展的权利——独立的意愿、感觉、情绪和作为。"[112]双手是雕塑家的眼睛；然而它们同样也是思考的器官，就像海德格尔所揭示的："手的本质永远不能因其作为能抓取的器官而被确定或解释……手在其工作中的每个动作都通过思考的元素承载自己，其举止都在那种元素中体现自身……"[113]

皮肤解读物质的纹理、重量、密度和温度。一件古老物品的表面，经过匠人的工具精心打磨以及使用者把玩无数的摩挲，能吸引双手去触摸。触摸一扇几千人使用过的门的把手也是一件让人愉悦的体验；光洁发亮的磨损已经转变成欢迎和好客的象征。门把手就像与建筑的握手。触觉将我们与时间和传统相连：通过触摸的印痕我们与数不清的前辈握手。一块经流水冲刷的卵石也是愉悦的触摸对象，不仅仅因为它有着令人抚慰的外形，还在于它传达了其形成的缓慢过程；放在掌心的一块完美的小卵石将时间的延续物质化，将时间有形化。

当进入路易斯·康设计的位于加利福尼亚拉霍亚的萨尔克研究所的户外空间时，我有一种不可抗拒的冲动想要走上前去触摸那混凝土墙面，感受它那天鹅绒般的光滑和温度。我们的肌肤在回溯有温度的空间时具有不容置疑的精确：大树下凉爽宜人的阴翳，或是太阳下被爱抚般温暖的气氛，都能成为空间和场所的体验。在我童年关于芬兰乡间的回忆景象中，我能生动回忆起面对着太阳投射角度的墙壁，它们增强了热量的辐射从而帮助融化冰雪，使孕育着生命的土壤散发出味道，以宣告夏天将至。这些装着春天的小口袋是被皮肤和鼻子觉察出来的，而不仅仅是眼睛。

重力被脚底所感知；我们通过脚底感受大地的密度和肌理。在夕阳下光脚站在海边冰河期的岩石上，通过脚底感受到太阳烘暖岩石的温度，是一场绝佳的治疗体验；让人们成为自然永恒循环的一部分，感受大地平缓的呼吸。

"在我们的家里总有这样隐秘的角落，我们喜欢舒服地蜷缩在那里。蜷起来在动词的现象学解释中是居住的意思，只有那些学会这么做的人才能感受到强烈的栖居感"[114]，巴什拉这样写道，"在我们的白日梦中，家就是一个大大的摇篮。"[115]

在裸露的肌肤和家的感觉之间有很强的一致性。对家的体验本质上说来是对亲密的温暖的体验。一个围绕着火炉的温暖空间就是一个极为私密和舒适的空间。马赛尔·普鲁斯特（Marcel Proust）对这样的炉旁空间有过如下诗意的描述，恰似我们肌肤的体验："这里就像一处无形的壁龛，一个仿佛从房间里雕刻出的洞穴，一个边界不断漂浮的暖和的地方。"[116] 对我来说，没有什么比在一个大雪的黄昏看到童年的家里闪耀着温暖的光更能令我感受到回家的感觉，对家中温暖的回忆温柔地暖和着我冻僵的四肢。家和肌肤的愉悦化为同一种感觉。

15

16

阴影与黑暗的重要性

15　肖像的脸埋藏在黑暗中就像一个陈列在暗色天鹅绒上的珍宝。

伦勃朗（Rembrandt），自画像（细部），1660年。巴黎卢浮宫。

16　芬兰农户家黑暗与阴影产生了一种亲密和寂静的气氛，光线成了珍贵的礼物。

19世纪晚期的 Pertinotsa 之屋，芬兰赫尔辛基伴侣岛露天博物馆。István Rácz 拍摄。

石头的味道

在阿德里安·斯托克斯（Adrian Stokes）的作品中，他对触觉及口腔的感知特别灵敏："如果我们试用光滑和粗糙这样的通称来区分建筑，那么我们能更好地保留隐藏在视觉之下的口腔与触觉的概念。眼睛天然有一种渴求，无疑的，一些视觉感受正如触觉那样，通过无所不在的味觉刺激渗透进你的眼睛。"[117] 斯托克斯也谈论过"意大利维罗纳大理石的味觉诱惑"，[118] 并且他引用了约翰·拉斯金（John Ruskin）的一封信："我想要通过一次次的触摸吃掉维罗纳城（Verona）。"[119]

在触觉和味觉的体验之间有一种微妙的转换。视觉也可以被转化为味觉的体验；某些特定的色彩和精致的细节能够唤起口腔的感觉。我们会下意识地用舌尖感知一个精细粉饰的抛光石面。我们对世界的感官体验起源于口腔内部的感觉，并且世界往往回归到这种口头的溯源。建筑空间最古老的起源便是在口腔里。

许多年前，当我拜访由查尔斯·格林和亨利·格林（Charles 和 Henry Greene）设计的加利福尼亚卡默尔的 D·L·詹姆士（DL James）住宅时，我情不自禁地想跪倒在那前门精美闪耀的白色大理石门槛前，用舌尖去感受它的味道。卡罗·斯卡帕（Carlo Scarpa）建筑作品中诉诸美感的材料以及娴熟的手工细节，还有路易斯·巴拉干（Luis Barragan）住宅那凝聚了情感的色彩，常常激发人们的味觉体验。粉饰精美的彩色或木质表面也能够带来味觉诱惑。

谷崎润一郎描述了一段令人难忘的味觉体验的空间特性，以及揭开一碗汤这简单的动作所蕴含的微妙交互感：

> "伴着漆器，在揭盖与端碗至嘴边的刹那，凝聚着一种美，那人凝视着深深碗底寂静无声的液体，它的颜色与漆器本身莫辨难分。人们无法辨认深处黑暗的东西，但手掌心感受着液体轻柔的运动，蒸汽从汤汁中逃逸升起，在碗的边缘形成水滴，随之升腾的香气给人们带去美味的预想……一刹那的神秘，或许，我们可以称其为神往的片刻。"[120]

好的建筑空间就像谷崎润一郎的"碗中汤"，展现着同样丰富的体验。建筑的感受将世界带入与身体最亲密的接触之中。

肌肉和骨骼的图像

原始人在进行建造活动的时候用自己的身体作为量度和比例系统。传统文化中求生的基本本领建立在贮存于触觉记忆里的身体智慧上。古代猎手、渔夫、农夫还有泥瓦匠和石匠，他们的基本知识和技能是对实实在在传统手艺的一种模仿，蕴藏在肌肉和触感中。技能不是从理论或文字中习得的，而是从传统中提炼的一系列动作中习得的。

身体能够知晓和记忆。建筑的意义来自身体和感觉记忆中古老的回响和反应。建筑必须对我们的基因保存并传递下来的原始的行为特色有所回应。建筑不仅仅要对功能、理性意识和今天城市居住者的社会负责任，还必须同样照顾那些在我们身体里"隐藏着的原始的猎手和农夫"。我们对于舒适、安全和家的感受植根于数不清的先辈的原始经验中。巴什拉（Bachelard）称之为"能够唤起我们心中原始性的图像"或者"原始图像"。[121] 他这样描述身体强烈的记忆能力：

> "我们出生的房子已经在我们心目中刻画出各种各样的居住功能的等级，我们就是居住在那个特定房屋中的居住功能的图解，所有其他房子都只不过是一个基本主题的变异而已。居住这个词对于描述我们的身体与这房子这种炽热的联系太过陈旧，我们的身体永远也不会忘记那难忘的居所"。[122]

现代建筑对设计的视觉偏爱也有自己的反思。艾琳·格雷（Eileen Gray）这样写道："先锋派建筑师们似乎对建筑外部设计的兴趣远远超过建筑室内，好像一座房子是为了取悦眼睛不是为了居住者的身心健康而设计。"[123] 她的设计正是从日常生活中的点点滴滴而来，而不是视觉的或者预设的理念的拼凑。

然而，建筑不可能在变成纯粹的功能需要、身体舒适、感官愉悦的工具后，而不丧失它根本的调和的任务。在满足建筑策划、功能和舒适需求的同时，必须保留一种显著的疏离、抵抗和张力感。一件建筑作品不应在它的实用和理性动机上透明化，它必须保持难以探测的隐秘和神秘感，以激发我们的想象和热情。

安藤忠雄（Tadao Ando）表示对在自己作品中表现的功能性和无用性之间的张力或者对立充满期待："我觉得在确保建筑的基础功能之后，应该让建筑远离功用。换句话说，我乐意看到的是建筑能够追随功能多远，而当功能需求被满足后，再来看看建筑能够远离功能有多远。建筑的重要性正是在它与功能之间的距离中体现。"[124]

视觉和触觉

17　视觉中隐藏着触觉成分。

15 世纪的蒙古铜像，国家公共图书馆，乌兰巴托，蒙古。
佛教女神塔拉在额头和手脚上拥有另外五只眼，它们是启蒙的象征。

18　门把手是用来与一座建筑握手的，它可以是吸引人的或恭敬的，抑或显得令人生畏或咄咄逼人。

门把手，阿尔瓦·阿尔托，铁屋，赫尔辛基，1954 年。海基·哈瓦斯拍摄。

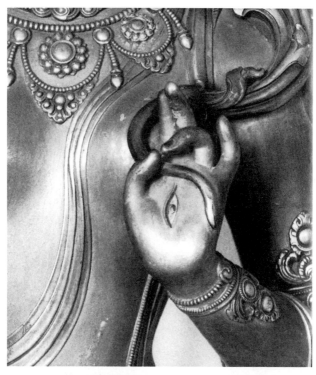

17

18

行为的图像

花园绿地中的踏脚石是我们脚步的形象与印迹。当我们打开一扇门，身体的力量与门的重量相遇；当我们踏上楼梯，双腿丈量着阶梯踏步的尺度，我们的双手抚摸那栏杆，从而整个身体戏剧性地斜穿过空间。

在建筑的图像中有一种与生俱来的行为暗示，即积极相遇的时刻，或是"对功能的承诺"[125]及目的。亨利·柏格森（Henri Bergson）写道："我们周边的物体反映了身体对它们可能作出的动作。"[126]正是这种动作的可能性将建筑与其他艺术形式区分开来。这暗含的动作使得身体对建筑的回应成为了建筑体验中必不可少的部分。一场有意义的建筑体验不仅仅是一系列的视觉图像。建筑的"元素"不是视觉单元或格式塔；它们是和记忆互动的碰撞与抗衡。爱德华·凯西（Edward Casey）在讨论记忆与行为的相互作用时写道："在这种记忆中，过去被体现在各种活动中。过去不是单独地被包含在心田或脑海中，而是就在完成一个特殊动作的身体活动中的一个积极因素。"[127]

家的体验由各不相同的活动组成——烹饪、饮食、社交、阅读、储藏、睡眠，各种私密的行为——而非视觉的元素。我们与一座建筑相遇；接近它，面对它，我们的身体与它相关联，穿过它，把它当作其他事情发生的条件。建筑诱发、引导并组织了行为和动作。建筑本身不是终结，它构想、表述、建造、赋予意义、关联、分隔和统一、促进及禁止。因此，基本的建筑体验具有动词的形式，而不是名词。例如，真正的建筑体验来自接近与面对这建筑，而不仅仅是对建筑立面造型的理解；它来自于我们进入这建筑的动作，而不是简单地设计一扇门的视觉形象；它来自于我们看见一扇窗内的景色或向窗外眺望，而并非将窗扇本身看作物质的实体；或者它来自我们对一片温暖空间的占用，而并非将壁炉仅当作是视觉设计的物体。建筑的空间是生活的空间而不是物质的空间，而生活的空间总是超越几何和可测性的。

在阿尔瓦·阿尔托极富魅力的论文《从门阶到公共休息室》（From the Doorstep to the Common Room）（1926年）对弗拉·安吉利科（Fra Angelico）的"圣母告知"一画的分析中，他通过描述进入一个房间的行为，认识到了建筑体验的动词实质，而不是从形态的角度去设计走廊或门。[128]

现代建筑理论与评论在把空间看作由物质表面描绘的无形的物体，而不是有活力地相互影响和相互关联上有很强烈的倾向。然而，日本式的思考，就基于对空间概念的具有关联性的理解。在认识到建筑体验的动词实质（verb-essence）后，弗雷德·汤普逊（Fred Thompson）教授在论述 Ma[①] 的概念的文章中，以及日本式的空间与时间统一性的思考里，他用"体察空间"（spacing）的概念代替了"空间"（space），并且用"确定时间"（timing）代替了"时间"（time）。[129] 他巧妙地用动名词或动词性名词描写了建筑体验的要素。

身体的确认

建筑体验的真实性植根于建构的语言和我们的感官对建造活动的理解。我们是用整个身体来观看、触摸、聆听和度

---

① Ma是日本文化和语言中关于空间的核心概念，相当于文字"间"。日本建筑师矶崎新曾以"间"命名举办国际展览。——译者注

量世界的，而这经验的世界以我们的身体为中心，被很好地组织及清楚表达。我们的居所是我们身体、记忆和身份的庇护所。我们与环境之间不断对话和互相作用，以至于无法将我们自身的形象从空间和所处环境中分离。"我就是我的身体"，加布里埃尔·马塞尔（Gabriel Marcel）有过这样的声称[130]，但是诗人诺埃尔·阿诺（Noël Arnaud ）却说"我是我所处的空间"。[131]

亨利·摩尔颇有洞见地提到了在艺术创作过程中对身体识别的必要性：

"这是一个雕塑家必须做的工作。他必须一直在空间完型过程中努力地思考、运用并形成它。最后他得到了的固体形态，就像他脑海中一直存在的那般。他能完全地考虑它，不管它有多大，好像都可以在手中把玩。在他的思考中，复杂的形态从它自身周围开始逐渐成型；当他看着雕塑的一面他能想到另一面的模样；从它的重心，它的体积，它的重量，他确认着自身；他能认识其体量，以及在空气中那雕塑形体占据的体积空间。"[132]

与任何艺术作品的际遇都暗示着与身体的互动。画家格雷厄姆·萨瑟兰（Graham Sutherland）就艺术家的工作表达了这样的观点："在某种意义上，风景画家看风景一定要像看自己那样——自己作为人的存在。"[133]在塞尚（Cézanne）的观点里，"风景认为它就存在于我，而我是它的意识"。[134]一件艺术作品就像另一个人，我们下意识地与之交谈。当我们与一件艺术品相遇，我们会把自己的情感和感觉投射到它上面。一个不可思议的交换悄然发生：我们对艺术品寄托我们的情感，

19

20

周边视觉和内在感

19 森林以它丰富的感受将
我们环抱其中。

周边丰富的刺激物将我
们有效地带入场景的真
实中。阿尔瓦·阿尔托
玛丽亚别墅周边的芬兰
松树林，芬兰努玛库。
Rauno Tuaskelin 摄影。

20 美国表现主义艺术家
画中的尺度和技巧刺
激我们融入空间之中。

杰克逊·波拉克（Jackson
Pollock），《One: Number
31,1950（细部）》,1950 年。
现代艺术博物馆，纽约。

而艺术品向我们传达它的权威和灵氛。最终，我们在艺术品
中遇见了我们自己。梅兰妮·克莱因（Melanie Klein）"投射
确认"（projective identification）的观念指出，事实上所有人
类的交流都暗示着将自己的一部分向他人投射的过程。[135]

身体的模仿

一位伟大的音乐家演奏的不是乐器而是他自己，一个技
艺高超的足球运动员懂得与他自身、其他球员以及内心与
具体的足球场进行游戏，而并不是简单的踢球动作。当理查
德·朗（Richard Lang）针对梅洛–庞蒂有关足球运动员的技
术观点做评论时写道："足球运动员知道该往哪里射球并不是
教练所教，而是自己全身心的感受，并不是在球场上活跃着

思维，而是球场就活在运动员的身体意识中。"[136]

相似的是，在设计过程中，建筑师渐渐将景观、整体文脉、功能需求以及他/她构想的建筑物主观化：运动、平衡与尺度通过身体被无意识地感知，就好像肌肉系统和骨骼与内在器官中存在张力一样。当作品与观察者的身体互动时，这体验便映射了体验者的身体感觉。因此，建筑是从建筑师的身体直接流向亲临这一建筑的体验者的交流，而这种交流也许会在好几个世纪之后仍然发生。

对建筑尺度的理解暗示了用一个人的身体无意识地去测量物体和建筑的过程，并且将一个人的身体图示投向我们所探讨的空间。当身体发生与空间的共鸣时，我们能感受到愉悦与被保护。当体验到一种结构时，我们会用骨骼与肌肉，不知不觉模拟着它的布局形态：一段悦耳生动的音乐律动被潜意识地转化为身体的感官，一幅抽象画的构图被体验为肌肉系统的张力，一栋建筑的结构被无意地通过身体的骨骼系统进行着模拟和解读。不知不觉中，我们用身体演绎了立柱与拱顶的工作。就像路易斯·康所说，"砖想要成为拱"，并且这种蜕变通过身体的拟态能力而发生。[137]

重力感是所有建筑结构体系的精髓，并且伟大的建筑能够令我们感受到重力与大地。建筑加强了这世上垂直维度的体验，同时就如它令我们意识到大地的深度，也让我们梦想升空与飞翔。

记忆和想象的空间

我们有一种先天的记忆和想象场所的能力。感知、记忆

80

和想象一直在互相作用；当下的领域融入了记忆和幻想的图景。我们不断建设着一个充满了回忆与感召力的完美城市，我们参观的所有城市不过都是这心中城市的辖区。

如果我们没有进入回忆和想象空间的能力，文学、电影的魅力就荡然无存。艺术作品诱发的空间与场所在感官体验的完全开放下是真实的。萨特这样写道："丁托列托（Tintoretto）并没有选择在基督受难地上方添加几块黄颜色的天空裂缝来强调或唤起痛苦。痛苦和黄色的天空是同时存在的。不是充满痛苦的天空或者令人痛苦的天空；而是一种物化了的痛苦，这痛苦成为黄色的天空。"[138] 同样，米开朗琪罗（Michelangelo）的建筑也并非忧沉的象征；它的建筑真的在哀悼。当欣赏一件艺术作品的时候，一个奇妙的置换在发生：作品投射出它的灵氛，而我们向作品传达我们的情感和认知。米开朗琪罗建筑中流露的忧郁本质上是观看者自己被作品影响所激发的忧郁。神秘点说，我们在作品中遇见了我们自己。

回忆将我们带回遥远的城市，小说通过作者神奇的语言同样可以让我们在城市之间穿梭。伟大作家笔下的房间、广场和街道与我们亲眼所见的那些一样鲜活生动；伊塔罗·卡尔维诺（Italo Calvino）的《看不见的城市》永恒地丰富了世界上的城市地理；希区柯克影片《迷魂记》中的蒙太奇为我们展示了旧金山丰富的面貌，我们随着主人公的脚步进入作祟的大楼中，通过他的双眼我们一路观察；在陀思妥耶夫斯基（Dostoyevsky）的咒语声中，我们变成了19世纪中叶圣彼得堡的市民，我们仿佛置身于拉斯柯尔尼科夫可怕的双重谋杀的房间里，当米科尔卡和他醉酒的朋友把一匹马活活打死的时候，我们就是那群吓得瑟瑟发抖的围观者中的一员，因为没有能力阻止这疯狂的无目的的残杀而感到挫败与沮丧。

由各种记忆片断连缀而成的电影人的城市，能创造出真实的城市存在感，从而将我们包裹其中。一幅好画中的街道，在街角处拐了一个弯，看似消失在画框边缘，其实更像通往了看不见的充满生活复杂性的地方。"（画家）画（房子），也就是说，他在画布上创造了一个虚构的房子而不是一所真实房子的符号，这样一来这个房子就具备了所有真正房子所具备的模糊性"，萨特说。[139]

有的城市当回想起来的时候仍然只是遥远的画面，而有的城市在记忆中却无比鲜活。令人愉快的城市在回忆中有声音、有气味，有各种各样的阳光与阴凉。在我记忆中的美好城市里漫步，我甚至可以选择道路被阳光照耀的一侧还是背阴的另一侧。对城市质量的真正评价也许是你能否想像在这座城市里坠入爱河。

充满感觉的推进生活的建筑

21 一栋严谨克制的建筑难能可贵地拥有极为丰富的感觉体验，所有的感受几乎被同时唤起。

彼得·卒姆托（Peter Zumthor），瓦尔斯温泉浴场，瑞士格劳宾登，1990 ~ 1996 年。

Hélène Binet 拍摄。

22 一栋建筑，像眼睛一样表述我们对运动和触觉的感知，并创造出家庭和友好的气氛。

阿尔瓦·阿尔托玛丽亚别墅，芬兰努玛库 1938 ~ 1939 年。入口门厅，起居室和主要楼梯。

Rauno Träskelin 拍摄。

21

22

一座感官建筑

种类繁多的建筑可以通过它们试图强调的感官形式进行区分。除却大行其道的视觉建筑，也仍然存在着一种肉身与肌肤体验的触觉建筑。有一种建筑仍然关注着听觉、嗅觉与味觉领域。

例如，勒·柯布西耶和理查德·迈耶的建筑，明显倾心于人的视觉，不论作为正面的相遇，还是动觉双眼的漫游建筑（promenade architecture）（尽管勒·柯布西耶的后期作品通过物质性与重量性的有力呈现融入了很强的触觉体验）。另一方面，表现主义的建筑，从尤里其·门德尔松（Erich Mendelsohn）和汉斯·夏隆（Hans Scharoun）开始，由于反对视觉透视的统治，开始偏爱肌肉与触觉的可塑性。赖特和阿尔托的建筑以对具体化的人类环境和隐藏在人类潜意识中的多种本能反应的完整认识为基础。在今天的建筑中，多重的感官体验在如格伦·莫克特、斯蒂文·霍尔以及彼得·卒姆托的作品中强烈表达。

阿尔瓦·阿尔托特别关注他建筑作品中的所有感觉。他在对家具设计所做的感官意愿的评论中清楚地表达了他对设计的这份关怀："一件融入人类日常栖居的家具不可以因光的反射导致过多的眩光；同样，它也不应对声音产生不利效果，比如吸声等等。就像一把椅子，成为与人接触最亲密的器物，不可以由导热性能太好的材料制成。"[140] 阿尔托显然对物体与使用者身体的相遇更感兴趣，这远远胜过视觉的美学。

阿尔托的建筑展示了一种肌肉感与触觉的存在。它包括错位、倾斜的对峙，不规则与多重节奏，以唤起身体、肌肉与触觉的体验。他那精细的表面纹理与细部——手工制作，引发了触摸的感知，并创造了一种亲密且温暖的氛围。代替脱离实体的笛卡尔理想中的眼睛的建筑，阿尔托的建筑以感觉的真实性为基础。他的建筑并不是基于一个具有统治地位的概念或格式塔；相反，它是各种感官的结晶。尽管有时它们看上去粗陋笨拙或像未完成的图纸，但在实际的物质与空间相遇中，它们令人倍加赏识——在生活世界的"肉身"里，而不是理想视觉的构造中。

建筑的任务

建筑永恒的任务是创造具体的、生活的存在象征，它赋予我们的存在于世以形式和结构。建筑让理想生活的构想和图像得以反映、实体化和永恒。建筑物和城镇使我们能建构、理解和记住现实的无形之流，从而最终认识和记住我们是谁。建筑让我们体察和理解永恒与变化的辩证关系，将我们安置于世界，让我们得以进入文化与历史的绵延当中。

在建筑用其自身的方式表达构筑行为与力量，社会与文化准则，互动与分离，身份与记忆时，它始终忙于基本的存在问题。所有的经验都暗含着追忆、回想与比较的行为。一段具体的回忆，作为记忆一个空间或场所的基础，扮演着关键的角色。我们把曾经到访的所有城市和村镇，所有能辨别的场所都肉身化为我们身体的记忆。我们的居所与我们的自我认同整合在一起，它变成了我们身体与存在的一部分。

在对建筑的记忆体验中，空间、物质和时间融合成单一的维度，成为存在的基本实质，并渗入到我们的意识中。我们通过此时此地、这种空间来确认自己，这些维度就成为我们存在的因素。建筑是协调自我与世界的艺术，而且这种协调通过感知而发生。

1954 年，85 岁的弗兰克·劳埃德·赖特（Frank Lloyd Wright）在以下的言辞中明确表达了建筑的精神任务：

> "今天的建筑中最需要的东西正是生活中也最需要的东西——完善。对于一个建筑，就像对于一个人来说一样，完善是一种最深厚的品质……如果我们成功，我们将会对我们民主社会的道德本性，即灵魂，作出很大的贡献……在你的建筑中为完美而奋斗吧，你不但完善了修建这座房子的那些人的生活，而且这在社会上的相互关系是不可避免的。" [141]

这一番对建筑任务的强调性声明在今天看来，甚至比 50 年前刚被写下时更加紧迫。这一观点需要对人类的状况有全面的了解。

一个门把手，一次握手

关于尤哈尼·帕拉斯玛及其作品的介绍

彼得·迈克凯恩斯
（Peter Mackeith）

正如同门把手是与建筑的一次握手，通过阅读这本书，也给了我们与芬兰建筑师、教育家、评论家尤哈尼·帕拉斯玛一次握手的机会——乃至分享一些在他公司里的时光。《肌肤之目》就是一本为手设计的书，就像它的作者，这本书的叙述有种亲昵的吸引力，温和地启发着你的好奇心。作者声音中的那种温暖、智慧、慷慨、善意和富于启发性的特质瞬时涌现，回报你的参与。

作为一名设计师，帕拉斯玛为门把手的设计与制造倾注了很多心血。就像斯堪的纳维亚建筑文化中的前辈大师：伊利尔·沙里宁（Eliel Saarinen，1873～1950）、埃里克·冈纳·阿斯普朗德（Erik Gunnar Asplund，1885～1940）、阿纳·雅各布森（Arne Jacobsen，1902～1971），还有阿尔瓦·阿尔托（Alvar Aalto，1898～1976）一样，对于建筑师来说，门把手有如法宝一样重要，是一处有待探索、精化和制作的首要细部。帕拉斯玛在许多页的手稿中用描绘的方式与一个杆式门把手多种多样的、令人着迷的设计进行对话，比方说安装在赫尔辛基的自宅门上的一个有着柔和曲线的铸铜立式门把手，就体现了所有的设计要素、形式准则和对整座房屋的追求。对《肌肤之目》的拟人化比喻极为贴切——在这本书清晰的结构、充满智慧的内容、精确的表达、人性的灵敏和深邃的意义之中，可以发现作者的品格。

一个经过设计的门把手和一本书之间的对等是具有象征性的，因为在帕拉斯玛的生活和工作中，整体上强调"思考"和"创作"之间，建筑写作和建筑设计及建造行为之间相互补充的关系。尽管帕拉斯玛将自己从事教育和写作的轨迹描述为"缓慢的、有目的性的漂流"，平行于他作为建筑师的身份，帕拉斯玛对自己批判性的视角和写作的过程非常坚

1 尤哈尼·帕拉斯玛。

克努特·塞伯格
（Knut Thyberg）拍摄

2 门把手的草图，20世纪
80年代后期至90年代
初期：摘自尤哈尼·帕拉斯
玛手稿中的一页。铅笔和
毡头墨水笔绘制。原稿大
小为225mm×225mm。

持——作为一名实践建筑师，同时还应发掘着思想：

> "我以一名实践建筑师和设计师的身份从事着关于艺术、建筑和生活的写作，同时也投身于艺术领域。我用与画草图一样的方式和意图去写作，保持思想开放，去除一切先入之见。文字如线条一样涌现出来，半自动的，揭示出那些隐藏在思考、联想和具体化记忆褶皱中的图像。不管是绘画还是语句都在尝试着去赋予那浮现的感觉和无形的复杂的不确定性以形状，并在它显现出意向和意义出现的那一刻给予直观的确认。作为我这种工作方式的结果，一个设计和一篇散文对我来说是一样的东西，尽管它们看起来不会轻易地联系在一起，也不存在于同一现实之中，而是两种平行却独立的思想的产物或观察所得。"[1]

于是《肌肤之目》的背后就有一个明确的建筑学目的。这本书首次出版于1996年，2005年第二次出版，现在是第三次再版了，这一次同时再版于印刷版和电子版。当然，你可能手头就有个电子阅读器，仅花几秒钟的时间就可以把这本书下载到你的LED显示屏上，讽刺的是，就在《肌肤之目》首版卖完时，这本书就以各种影印版形式无止境地流传，每一本看起来都比它影印的上一本看起来淡一些。但是没关系，没有任何一种现代科技的复制手段会削弱这本书是为了你的手和眼睛量身写作与设计的事实。事实上这本书原本就是有意且费劲地用手写成的，正如尤哈尼·帕拉斯玛描述的那样：

> "我用与设计相同的方式进行写作，经过8到10页连续的手写草稿，或者手工修订稿，我的秘书打字出来再交

予我进行下一步的添加和更改。我必须看到纸上自己亲手写就的甚至模糊不清的字迹才能对内容产生亲切感和内在感。我同样也很欣赏作品中留下的标示和痕迹。"[2]

这本书仅读几页便会感觉到这种手工的敏感性，作为一种物质的、可触摸的、甚至是思想、感觉和时间的官能浓缩，不管你多快拿到这本书，也不管这本书有多么简要（你也许一个小时内就能读完），就像所有的杰作一样，《肌肤之目》绝对能够在你逐页阅读它的同时攫住你的注意力、放慢你对时间与体验的感觉。你也许会像很多读者一样，一遍一遍重新回顾这本书，在你读完它一遍之后不断延长对它的阅读体验。

这种深刻与持久在理性上、时间上、文化上层层重叠。在《肌肤之目》中，通过与帕拉斯玛的握手，你也和他的朋友与导师们会面——需要声明的是，这是一份会聚了各种朋友的名单。也请准备好在此接受它的一些深刻和错乱：他喜欢引用阿尔多·范·艾克（Aldo van Eyck）的观点，以至于经常与画家乔托（Giotto）展开对话，尽管这位画家在 500 年前就已辞世。在帕拉斯玛看来，

3　门把手的草图，20 世纪 80 年代后期至 90 年代初期：摘自尤哈尼·帕拉斯玛手稿中的一页。铅笔和毡头墨水笔绘制。

3

"一个人最重要的老师也许半个世纪前就死了，一个人真正的导师很可能是菲利波·伯鲁涅列斯基（Filippo Brunelleschi）或者是皮耶罗·德拉·弗朗西斯卡（Piero della Francesca）。我相信每一位严肃的艺术家——都会在他或她意识的边缘——将自己的作品呈现给更优秀的同伴来进行评判。假如说，若你觉得你的作品可以得到伯鲁涅列斯基或者皮耶罗的认可，那它便不是一无是处。"[3]

毫无疑问的是，在此背景下值得深思的是，《肌肤之目》有着斯堪的纳维亚建筑思想的先例和相似作品。阿斯普朗德与阿尔托对触感和显著细节的迷恋已经被提及，但是对帕拉斯玛来说，阿尔托对阿斯普朗德作为一个不断揭示与探索建筑的"心理"特征的现代建筑师的描述（1940年，在阿斯普朗德葬礼上给瑞典人的致辞）也相当重要。[4]帕拉斯玛也指出了阿尔托关于现代建筑需要解决人类心理特质问题的先见之明：错误在于理性化还没达到足够的深度。与其抵制理性至上论者的方法，近年来的当代建筑正试图让理性的方法脱离技术领域，走进人文主义和心理学。[5]1959年丹麦教授施泰因·埃勒·拉斯姆森（Steen Eiler Rasmussen）的著作《体验建筑》一书就是强调建筑知觉品质的鼻祖。[6]帕拉斯玛的芬兰直系导师奥里斯·布隆姆斯达特（Aulis Blomstedt，1906～1979）与阿诺·路苏沃里（Aarno Ruusuvuori，1925～1992）的气质也能在这本书对真实建筑的不懈追求中体现出来。辛古德·莱韦伦茨（Sigurd Lewerentz，1885～1975），阿斯普朗德的前合作伙伴，在本书基因中也是一个引人注目的角色，这主要通过他20世纪60年代晚期的两座教堂体现出来，这两座教堂是砖造的，独特又怀旧，它们是分别位于瑞典克利潘和比约克哈根的圣彼得和圣马可教堂。[7] 挪威学者诺伯格·舒尔兹（Christian Norberg-Schulz）强调有关存在和现象的问题是——"场所的本体论"（an ontology of place），受到海德格尔哲学思考的强烈影响——他在 20 世纪 70 年代和 80 年代出版了一系列著作和论文来探讨这一问题如何检验建筑的历史和可能性。帕拉斯玛在《肌肤之目》中的思考正是对诺伯格·舒尔兹的研究的推动和深化。[8] 在斯堪的纳维亚兄弟会中同样重要的，还有斯维勒·费恩（Sverre Fehn，1924 ~ 2009）诗意的作品，思想和人格——通过贝·奥拉夫·孚埃德（Per Olaf Fjeld）所著的《结构的思维》（1984 年）一书巧妙而浓缩地表达出来——与帕拉斯玛本人在同一时期的观点相平行。[9]

　　但是单独将这本书列入斯堪的纳维亚建筑学与知识界的系谱中，会让它不公正地被隔离出来，被认为只具备地方性的视野，只是单纯地表达极地风情。而帕拉斯玛阅读了太多、旅行了太多、见识了太多，已经很难于简单地给他下定义。这本书同时也隐含了对两位杰出的英国建筑师、教育家的介绍，科林·圣约翰·威尔逊（Colin St John Wilson，1922 ~ 2007）和肯尼思·弗兰姆普敦（Kenneth Frampton，1930 ~ ），这两位都是帕拉斯玛的挚友，都对芬兰以及斯堪的纳维亚的建筑情有独钟，两人也都有一段在战后从事人文主义写作的经历（威尔逊完成了许多出色的建筑作品）。威尔逊，学识渊博的前剑桥大学建筑学系主任，一生都在顽强地坚持建筑的哲学与伦理根基，同时，他定义并推崇现代建筑的"别样的传统"，以 20 世纪建筑师代表阿尔托、阿斯普朗德、莱韦伦茨、汉斯·夏隆（Hans Scharoun，1893 ~ 1972）和艾琳·格蕾（Eileen Gray，1878 ~ 1976）为首，从来没有受缚于教条的功能与形式定义。[10] 重要的是，威尔逊介绍帕拉斯玛结识了阿德里安·斯托克斯

（Adrian Stokes），一位深受精神分析学影响的艺术评论家。[11]
弗兰姆普敦，一位博学之士，深受有关战后政治、经济、社会
思想的法兰克福学派影响，成为20世纪后期最权威的现代建
筑历史学家；以20世纪80年代早期的几篇重要文章为基础，
他为建筑的"批判性地域主义"设定好议程，其中，阿尔托、
约翰·伍重（1918～2008）、费恩和世界范围内其他一些建筑师，
证明了他们的地区性和文化特别之处。[12] 20世纪80年代帕拉
斯玛就开始与威尔逊和弗兰姆普敦展开交流，对他来说，这些
观点非常能引起共鸣而且影响深远。

　　夹杂在这些思想源流中的还有来自北美的强音，长期担
任库柏联盟建筑学院主任的约翰·海杜克（1929～2000），
自20世纪80年代起就是帕拉斯玛的密友——他们都非常支
持费恩——他们共同的理念是建筑中刻不容缓的诗意追求。
同样有效的是，年轻的丹尼尔·李伯斯金在他领导任期内，
曾经邀请帕拉斯玛来匡溪学院造访；他们两人展开了良好的
合作关系，交换绘图举办展览，形成相互支持的个人与专业
联系。重要的是，帕拉斯玛感谢李伯斯金为他介绍了加斯
通·巴什拉《诗意的空间》一书——正如帕拉斯玛相信的那样，
这是具有历史意义的一刻。[13]

　　帕拉斯玛本人在介绍中非常清楚地指出《肌肤之目》直
接来源于20世纪90年代初三位学者互相交流的思想、观点
和方法，这三位学者分别是美国建筑师及教育家斯蒂文·霍
尔（1947～），墨西哥裔加拿大学者阿尔伯托·佩雷斯·戈麦
斯（Alberto Perez Gomez）（1949～；早期任教于加拿大卡尔
顿大学，之后转到麦吉尔大学）和帕拉斯玛本人。这三位在
思想和实践上因共同的理想走到一起，这理想便是让建筑学
以现象学的方法为基础，这是与当时普遍盛行的建筑文化悄

然且颇有戏剧性的对立——比如欧几里得几何的没落，人类主体的脱离，意义的模糊等。

自从 1991 年帕拉斯玛与霍尔在芬兰举行的阿尔瓦·阿尔托大会上相遇，二人便在这些问题上达成共识。随着霍尔以"Kiasma"为口号（一个表达梅洛－庞蒂概念的芬兰词汇）赢得赫尔辛基现代美术馆的设计竞赛，两人在随后几年中情谊加深。[14] 帕拉斯玛是霍尔的协作建筑师，并对总平面和公共空间的设计作出了很大的贡献。佩雷斯·戈麦斯也毫不逊色，通过他的代表作《建筑学和现代科学的危机》（Architecture and the Crisis of Modern Science）和后续的一些著作，一直在进行深入密切的相关研究。帕拉斯玛曾经是戈麦斯在麦吉尔大学攻读建筑历史和理论博士期间的长期支持者和参与者。[15]

在这一现象学背景下，20 世纪法国哲学家加斯通·巴什拉（1884 ~ 1962）和梅洛－庞蒂（1908 ~ 1961）显得非常重要（同时代还有几位来自文坛更纯粹诗意的声音，比如赖内·马利亚·里尔克（Rainer Maria Rilke，1875 ~ 1926）、约瑟夫·布罗茨基（Joseph Brodsky，1940 ~ 1996）还有豪尔赫·路易斯·博尔赫斯（Jorge Luis Borges，1899 ~ 1986））。[16] 帕拉斯玛承认自己的写作和演讲深深受教于巴什拉和梅洛－庞蒂，并且称巴什拉的作品"如磁石般有吸引力"，而梅洛－庞蒂的观点"具有积极向上且无止境的启发性"。

抛开这些层层的积累，《肌肤之目》最初只是作为一篇充满智慧、发人深省的小文而被创作的，但是最后终于发展成相关的两个部分，《思考之手》和《具身图像》。[17] 也许起初你是被这些散文所吸引，然而这本书仍可以被拿来完整地阅读，完全依赖这本小册子……激发你进入这本书所提到的或引用到的书籍组成的神奇图书馆，还有由这本书唤起并详细

4　1994 年，帕拉斯玛与阿尔伯托·佩雷斯·戈麦斯、斯蒂文·霍尔一起在霍尔的事务所，当时他们正在进行关于《感知的问题》的合作。

5　尤哈尼·帕拉斯玛建筑事务所的图书馆兼会议室，赫尔辛基。Rauno Traskelin 摄。

描述的一个艺术作品和建筑场所所组成的更广大的世界。的确，书中所选的图片和文字的注释只是帕拉斯玛汲取的巨大个人图书馆中的冰山一角。

这所图书馆，事实上是真实存在的，对于许多参观过帕拉斯玛在赫尔辛基的工作室的人来说，都会发现这个位于事务所正中的场所，它是提供讨论、娱乐、思考与查阅资料的重要空间。与很多其他的建筑师一样，帕拉斯玛是一个书籍爱好者，图书馆里排列的书架已经延伸到门厅走道和事务所的其他房间。在图书馆主要的大桌子上总放着一摞新进的书籍，还有几摞放在旁边，为了方便正在进行的文章写作和备课查阅。对书籍的分类归纳工作一直是一份永远做不完的苦工，通常会被当作熟悉性工作分配给事务所的新来人员，并在图书分类系统上永远会引发大家激烈的争吵。对于帕拉斯玛来说，正如托马斯·杰弗逊（Thomas Jefferson，一位学者和业余建筑师）一样，他的图书馆书橱需要对知识体系建立新的概念：

"直到 40 岁，我都只将书分成两类：建筑图书和其他。然后我注意到我的第一类图书只关注建筑作为一种审美趣味的形式，而第二类关注着蕴涵生活和人类品格的城市、建筑和环境。在过去的 30 年中，我开始将所有的书都看作建筑类图书，因为人类所有的境遇、历史、传奇、行为和思想都被人工构造和组织，我们空间的、材料的和心理的构造提供了理解世界的根本范畴。我通过读诗歌、听音乐、赏绘画、看电影来进行潜在的建筑创作。"[18]

但是这并不同于圣杰罗姆（St Jerome）独自在他书窖中的沉思。帕拉斯玛的图书馆自 1994 年以来——粗略计算正是《肌肤之目》概念成型和写作的时间——一直是芬兰知识界、艺术界以及文化生活界各类名流云集的场所，其中包括"一名诗人、一位文化历史学家、一位话剧导演、一名作曲家、一位剧作家、一个画家、一个摄影师，还有两个文学评论家"。[19]在这里，同样体现着各方面的融合，帕拉斯玛希望看到内在联系、知识的层次结构和各种观点。

如果接受《肌肤之目》作为一份通往这个图书馆和这个圈子的一次慷慨的邀请，就如回应了一个亲切的招手，你被带向历史与文化更广阔的疆域。这是本书的另一个目的：负责任且敏感地将对建筑的思考定位与放置于一个更大的文化领域内，同时也将你自己投身于那个更大的领域内。重要的是，这是一个不需要翻译的对话和阅读：因为帕拉斯玛所接受的委托面向的主要是英语语言的读者，他在写作《肌肤之目》之初便用的是英语。他的语言天赋完全是第二天性，文章的语调可能从分析体变为条件句，或者像宣言，作者的语言是一流的。

这本书对你来说还有一种指导性。弗兰兹·卡夫卡（Franz Kafka）富有启发性地宣称，"一本书当犹如一柄破冰斧来击碎你灵魂的冰洋"。[20]《肌肤之目》的作者提供给你的

6 椅子速写，20世纪90年代中期，帕拉斯玛手稿中的一页，铅笔和毡头墨水笔。

6

99

也许是温柔一点的道具，但一样有改变的目的、能量和影响。在20世纪芬兰史诗小说《在北极星下》（Under the North Star）的开场白中，有一段与本书堪称在文化上与地理上交相呼应的文字："起初，是一片沼泽地和一把锄头——以及尤西（Jussi，尤哈尼的简写）！"[21] 帕拉斯玛在脑中伴随米兰·昆德拉（1929—）的口授而写作——作家进行创作的时候，永远面向假想的读者，还有自己——于是写作变得真挚乐观同时诚实直接。[22] 这表明帕拉斯玛的工作是为了让自己弄清建筑、哲学和文化的重要性——可以说是清理和耕耘一片沼泽地，同时，进一步希望这样的工作能给他人带来益处。

对这种在艺术与建筑领域不断寻找自我的重视构成了帕拉斯玛在写作、演讲、教学和设计工作领域不断回响的主题。《肌肤之目》通过坚持一种完全具体和感官的建筑使这一主题得到放大。然而寻找自我并非寻找自我中心与自我表现，而是正相反。一个更普遍的责任是——建筑调停的任务——概述建筑师个人诗意、个性的一面和社会性、负责的一面。这是帕拉斯玛多次强调的主题，从很多方面来讲，这个主题仍然很紧迫、亟待宣扬："建筑的任务是清晰传达与表现我们生活其中的世界的本质并使我们安居于世界之中。"[23]

孔（Apertures）

帕拉斯玛已有75岁高龄了，最近他宣布从设计实践中退休，专心从事写作、演讲和教学。对于斯堪的纳维亚国家的建筑界，以及许多来自欧洲和北美的芬兰建筑的支持者们来说，他是一位具有代表性的人物——虽然矛盾的是他的作品和声音没有得到应有的展现。1996年出版的《肌肤之目》明显为帕拉斯玛提升了学术机会，从此他开始了长达20年的演讲与教学，去往芬兰以外的地区——简直堪比马迪·沃特（Muddy Water）、B·B·金（BB King）和查克·贝里（Chuck Berry）（三位都是著名的布鲁斯大师，也是帕拉斯玛所崇拜的对象）的传奇性巡演。还有一个不知名的也很少被人谈起的事实就是在过去的4年中，帕拉斯玛一直是普利兹克奖评委会成员，与他的好朋友澳大利亚建筑师格伦·默克特（Glenn Murcutt，1936年出生）一起。

在他自己的国家，帕拉斯玛被看作是一种"现象"，然而在过去30年中他无尽的创造力和在芬兰建筑文化界取得的地位似乎都无法提供足够的解释。他的一生都痴迷于各种技艺和令人吃惊的各种互补性角色，蕴藏在他智慧维度中的力量为建造怡人的建筑提供了根本的保证。

如果试图用一个几何存在来描述帕拉斯玛生活的实质，那也许是一个圆，人生境遇的圆周虽然不断地扩张，但始终以一个中心点为圆心，这个中心点是他的家乡，中心的概念便是家。"不管从视觉艺术的总体上来讲，还是具体到建筑，总是基本形式在主导：圆、方、三角，还有基本的方向与数

7　灯具速写，20世纪80年代后期和90年代初期：帕拉斯玛手稿中的一页。铅笔和毡头墨水笔。

7

字。比如说圆，是自我的象征，表现了心灵的所有维度，包含了天性的感情关系。"[24] 家，起源之点，房屋与景观的怡人栖居，对于帕拉斯玛的工作与思想来说，既能作为精神的根基又能作为隐喻的对象。同时，他教养和文化中的深层意识，使得建筑师人生的弧度不断向芬兰以外的知识世界以及对艺术、建筑更深刻的理解层次进发。对这个圆最好的理解也许来自一系列洞开在人生各个阶段的光圈结构。

帕拉斯玛出生于第二次世界大战前的 1936 年，还是一个小男孩的时候他就被送往位于芬兰中部的外祖父的农场上生活，以躲避长年的战乱，每隔也许 5 至 6 个月他才能与在军队服役的父亲见上一面，外祖父和生机勃勃的农场成了他生活的中心内容，于是他也知道了简单事物的价值：

> "在整个稀落的村庄中我是唯一的男孩，在漫长无尽的白天中我发明了许多围绕房屋或者远至附近树林里打发时间的活动，或者观察我那上了年纪的外公从事各种各样的劳动。我很钦佩他的勤劳，还有他五花八门的技巧和自信，似乎没有什么工作能难倒他……我不记得有人会被问起：这个你能干得了吗？在农场生活中掌握一切本领是自我证明的必需条件。农民们的本领不是通过阅读得来的理论知识，而是与生俱来的沉默的智慧，这些技艺通过观察与模仿由肌肉牢牢记住……我已经记不清外公起居室里那张厚板桌子的具体形状，但是我仍然能想象出我坐在它旁边的样子，这里就是这栋乡村小舍的焦点，是将我们的家族圈和它偶尔的访客联系在一起的纽带。"[25]

在这个家族圈中、这个家里的重要经历，始终保留在帕拉斯玛的骨血里：

> "尽管前后经历过8次搬家，在我的童年时期只有一个经验中的家，这个家似乎随着我一起漂泊并且经常在我们辗转的路上变换物理形状。[26]

> 我对家有着鲜活的记忆，那是一种在漆黑的寒冬夜从滑雪旅行回到家的感觉。对家的体验从来不会比在寒冬夜里看到家中温暖的灯光、感受到温暖四肢的召唤更强烈。"[27]

随着二战在芬兰艰难地结束，帕拉斯玛随家庭一起返回了赫尔辛基。根据帕拉斯玛本人的描述，他的另一位祖父对他走上艺术之路产生了影响：

> "14岁的时候，我从祖父那里继承了他的油画工具和很多的油画作品。在战后的普遍穷困状况下，这些东西显得非常奢侈，同时也加强了我对作画的兴趣；从孩提时期我就很热衷于画画。如果我不知道成为一名艺术家养家糊口是多么难，我很有可能去做一名画家……"[28]

作为一名年仅17岁的交换学生，帕拉斯玛雄心壮志地孤身一人从赫尔辛基出发，首先坐船穿过海湾到达斯德哥尔摩——在那里他透过商店橱窗第一次看见电视机——然后再横穿大西洋去往美国，来到有着同样平坦寒冷地貌的明尼阿波利斯（Minneapolis），在这里他接受了一年的美国高中教育，他不仅体验到了物质的、有些思想矛盾的美国，更是赢得了州际越野滑雪赛冠军和学校的吉特巴舞大赛奖赏。对美国的初访只是之后许多旅行中的第一次，然而事实上据帕拉斯玛估计除芬兰以外，美国是他停留时间最长的国家。

8

9

8 尤哈尼·帕拉斯玛在外祖父的农场上，这一天是割草的日子。那个站在父母身边 3 岁的小男孩就是他；他的农夫外祖父站在装载干草的马车后面。

9 Moduli 225，工业生产的夏季别墅系统项目，由帕拉斯玛和克里斯蒂安·古里申（Kristian Gullichsen）合作设计，1968 ~ 1972：这是芬兰第一栋实验性住宅，位于金卡摩（Kinkamo）。Kaj Lindholm 摄影。

———————

回国之后，帕拉斯玛申请进入赫尔辛基工业大学建筑系学习——那时的系馆仍然坐落于赫尔辛基布勒瓦帝（Bulevardi）西端的希耶塔拉赫登图里（Hietalahdentori），是一座宏伟的新古典主义建筑（当时阿尔托设计的位于埃斯波的奥塔涅米校区还在建设中）。在战后，到处仍然是一片经济窘迫的景象，他回忆起看到装饰在系馆走廊的一幅伊利尔·沙里宁（Eliel Sarrinen）的透视图时，那种如痴如醉的感觉：

"1957 年当我被赫尔辛基的建筑系录取的时候，我感到能进入这样一个全新的世界是莫大的荣幸，这个世界里充满了艺术的思考与美。我没有想过我的技艺能成为一个职业或者用来谋生的手段，我看待建筑学是一个精神的领域，通过它我能更有意义地体验世界。注视着伊利尔·沙里宁的手稿悬挂在建筑系的走廊里，每个人的灵魂都被点燃。学习成为了一种燃烧的激情，战后的资源匮乏使得想象力更生机勃发。"[29]

作为一个年轻的建筑专业毕业生，经过 20 世纪 50 年代后期和 60 年代初期的芬兰理性主义学者奥里斯·布隆姆斯达特（Aulis Blomstedt）和阿诺·路苏沃里（Aarno Ruusuvuori）教育的洗礼，帕拉斯玛和他的同学们开始认清自己的位置和自己在"老橡树"阿尔瓦·阿尔托带领下的建筑文化界中的职业角色，从更大一些的局势着眼，这时正值 1968 年巴黎五月风暴的前后：

"在"理性主义"学派思想和阿尔托的"学院派"之间有着强烈的对抗，这样的紧张形势在阿尔托时代就已经开始了。阿尔托的人格和才华看起来并不被 20 世纪 60 年代的理想主义所提倡的民主风气接受，关于他本人的人格和才华也传出不少意识形态的戏剧效果……我们不仅有很强的社会责任心，而且我们相信一种普遍的、无名的、国际的、民主的建筑，为每一个人而建。我们中没有一个人属于任何政党，但是我们却迸发出一种很有政治倾向的理想主义。我们相信解决许多社会与政治问题的答案就在建筑里。"[30]

这个呼声很高的年轻建筑师将设计领域内的理性思考推举到首要的位置，强调着信息和科技的重要性，反对国内泛滥的官僚主义。当时他会写下这样的语句："设计正在从个人掌握与依靠直觉走向利用集体的方法学进行控制，从分散的设计走向总体的系统和结构的设计，从永恒的、终极的设计走向可自由支配的、可变的、灵活多样的设计。"[31] 当时，在帕拉斯玛看来，建筑不是"空间的神秘属性，而是事实的组织和排列。事实上，'美'这个词应该被'正确'来代替，因此艺术是把事情做对的技巧"。[32] 这些语句接下来会被赋予完全不同的意义。1969年，时年33岁的帕拉斯玛被任命为赫尔辛基工业艺术协会的会长，他是被1300名学生在一连串的学术混乱后选举出来的。上任后他的第一个举动就是在一个支持芬兰钢铁工人罢工的学生集会上发言。

在20世纪70年代早期，还在他担任会长的任期内，帕拉斯玛离开了芬兰去往非洲，具体说是埃塞俄比亚，在亚的斯亚贝巴（Addis Abeba，埃塞俄比亚首都）的海尔·塞拉西一世大学担任了两年的建筑学教授。这段时间是一段自我施加的政治流放，同时在这段时间他成为了成熟建筑师。在他的家乡，他对于理性设计、科技和建筑物标准化能带来救赎般力量的理想主义信念，被芬兰建设独裁对建造过程的野蛮接手所破坏。他观察到，对预制生产的控制，导致从房屋的紧急需求中悲剧地排除了质量和人性满足的要素。在非洲，文化和科技极为不同的彼地，帕拉斯玛重新直接发现了建筑对于社交的满足，以及小体量模数系统的优势。

这段经历促进了建筑师在他不断发展的建筑哲学中有关文化、环境和心理方面的理解：

"20世纪70年代早期在埃塞俄比亚的经历，使我从曾经的相信理性、相信毋庸置疑的技术效益和普遍性的观念中觉醒。我开始对人类学的、结构主义的，最终至心理分析的著作感兴趣。埃里希·弗罗姆（Erich Fromm）和赫伯特·马尔库塞（Herbert Marcuse）的著作尤其重要，它使我明白了集体心理现象（collective psychic phenomena）的本质。安东·艾仁兹维格（Anton Ehrenzweig）两本有关艺术创造与体验的潜意识维度的书，或许给我的思考方式带来一个最重要的推动。"[33]

10

10　埃塞俄比亚安博地区150个被遗弃家庭安置房原型，帕拉斯玛和他的学生们于1972～1974年在海尔·塞拉西一世大学（Haile Selassie I University）设计并监管。该项目由国际红十字会提供资金。

尤哈尼·帕拉斯玛拍摄。

结合这些阅读我们看出，这段非洲的经历与帕拉斯玛的意识产生强烈共鸣，并唤醒一种认识，在艺术与建筑中，原型、梦和记忆可能产生作用。这些得益于非洲大陆丰富文化体验的智能与情感的收获，在帕拉斯玛之后的写作与演讲中无可辩驳地存在着。

帕拉斯玛对空间认知和视觉艺术的心理学、生物学基础充满兴趣，20世纪70年代中期回到芬兰时，这种兴趣占领了帕拉斯玛的思想。作为芬兰建筑博物馆的展览负责人，他有充足的机会通过设计众多临时展览，来实实在在阐明他非洲之行的成果。后来，在他作为博物馆馆长的五年任期内，作为拓宽文化视野的尝试，帕拉斯玛使博物馆的活动走向国际化，博物馆展出了安藤忠雄（Tadao Ando）、阿尔瓦罗·西扎（Alvaro Siza）和丹尼尔·里伯斯金（Daniel Libeskind）的作品，以及美国建筑的图纸。博物馆的年鉴 Abacus 成为了审视国内和国际建筑议题的论坛。他自身对年鉴的贡献反映出他对人类学、语言学和心理学议题越来越多的关注，例如："在建筑体验中被无意识唤醒的深层结构的意义，在于与早期童年共同感受的精神图像相关联的记忆和联想，在于时空动力（spatiokinetic）的体验和集体的原型。"[34]

帕拉斯玛在1983年离开博物馆，并实现了更多独立设计的项目来检验这些想法，从他自己的公寓开始，直到玛丽梅科（Marimekko）和罗瓦涅米艺术博物馆中彻底的细节设计。这些20世纪80年代的项目在许多方面可以看作是展览设计原理的延伸，对触觉的关注力压单纯的视觉，开始于门把手、柔软的边缘、材料考虑、表面与光线，空间同时充满比例的秩序和材料的感性。到1986年，濒临设计任务繁重的时期，帕拉斯玛通过引用阿尔托有关现代建筑理性化的深度和运动新方向的著名阐述，确定了他思考的转向："错误在于理性化还走得不够深入。近期的现代建筑不再对理性方法进行抵制，而是试图将理性的方法从技术领域导向人文主义和心理学。"[35]那时帕拉斯玛在他的演讲和文章中对阿尔托评论的引用表明了他自己对"理性方法"（rationalist approaches）的扩展，并形成他自身新兴意图的宣言。

的确，在1985年，帕拉斯玛为Arkkitehti杂志——芬兰建筑评论（《建筑评论》杂志在随后推出完整的英文版）撰写了一篇名为"感觉的几何形"的文章。[36]就像他所描述的，"提笔写这篇文章的时候，我才发觉现象学可以作为哲学探索的线索，为此我在文章中加了一个简短的有关这种哲学方法的章节。"[37]但这样一种尝试性的开端很快得到扩展和深化。

在20世纪90年代早期，随着大规模项目的增多和办公人员的增加，帕拉斯玛被任命为第一教授（first professor）（建筑的基础教育），后来他成为赫尔辛基理工大学的建筑学院院长。这一学术职位响亮回应了他对导师布隆姆斯达特（Blomstedt）和路苏沃里（Ruusuvuori）的传承，更重要的是

11 草图，墓碑和建筑物体，20世纪90年代中期：来自帕拉斯玛草图本的一页图纸。铅笔和毡头墨水笔绘制。

11

复兴了建筑课程的理论层面，同时为这些诗意的想法融入建筑的物质层面提供了平台。帕拉斯玛主张一种新的教育理念，来建造激进的诗意建筑（radical poetic of architecture），其中理论贯穿实践，对设计中心理层面的考虑包含在功能的妥善处理中，材料、结构、光线和空间的秩序汇集成形而上的体验。学院和课程的目标也在于克服将芬兰建筑完全看成实用的，以及抵制有关建筑本质的理论陈述和书面探讨的传统认知方法。帕拉斯玛同时也通过他对其他学校多次的访问，透过建筑教育来探知趋势的流向，帕拉斯玛力争将学院放在更大的世界建筑教育舞台上——虽然方法是通过加深它自身的芬兰特性。

在这些年里，当建筑世界的其他地方在讨论肤浅的历史主义构成的"后现代"建筑或同样流于表面的建筑中的"解构主义"时，帕拉斯玛却始终如一在他出版的著作和公共论坛中，辩护着非主流的这一学科哲学与实践的复兴。这些看法和文章通过英国杂志《建筑评论》（Architectural Review），及其长期合作的编辑皮特·戴维（Peter Davey）的支持下，赢得了最早的国际读者，而皮特·戴维本人是芬兰建筑界的好朋友，也是更真实的建筑实践的有力辩护者。

帕拉斯玛倡导建筑本体论的新理解，在这个意义上他的看法是"激进的"；观点在于建筑不能将它自身从形而上学的和有关存在的基础中脱离开来：

> "我们的文化认同这理想和日常的世界，因此不再让艺术作为这两者间的调解（……）艺术必须激起形而上层面的意识来取代日常生活（……）建筑的任务不仅在于将日常现实的世界美化或人性化，而是去开启我们意识、现实

中梦想、图像和记忆的第二维度。"[38]

建筑师加入一种可以称之为形而上学的房屋（metaphysical house），这其中有特别基本的建筑图像、元素和细节：

"这个房子是由建筑师创作的空间等级与动态、结构、光线、颜色等结合的系统，然而家是围绕一些行为和象征的焦点（foci）构筑物：正面（前院、立面、市政设备）、入口、窗、灶台、炉子、桌子、橱柜、浴室、书柜、家具、传家宝、值得纪念的事物……"[39]

正是在这些思考、写作、教学和实践的背景下，《肌肤之目》孕育而生，在 1995 年至 1996 年写成并出版。史蒂芬·霍尔（Steven Holl）在对这本书第二版的简短序文中，以及本书收录的帕拉斯玛自己的介绍中，都回顾了这本书得以面世的情况。霍尔给帕拉斯玛的提议，以及在 1994 年名为《感知的问题》（Questions of Perception）的 A+U 特刊中他们邀请加入的佩雷斯 – 戈麦斯（Perez-Gomez），显然促进了事情的进程和他们三人的关系。[40] 然而对于帕拉斯玛来说，很明显的是在《肌肤之目》中充分表达的观念、研究和忧虑是经过

———————————

12　罗瓦涅米艺术博物馆和音乐厅，科伦迪（Korundi），罗瓦涅米，2011 年。Arto Liiti 拍摄。

13　西达萨米拉普博物馆（SIIDA Sami Lapp Museum），伊纳里（Inari），芬兰，1998 年。Rauno Traskelin 拍摄。

12

13

14

15

一段时间酝酿的，这本书可以被解读为那段时间里与建筑时事相对立的雄心勃勃的产物，而一旦解读出这是帕拉斯玛试图在更长的时间中将他的态度、认识和洞察具体化，这本书就愈发具有重要和持久的价值。

诗学

帕拉斯玛至今超过 40 年的建成作品，遍布芬兰、赫尔辛基和世界各地。在芬兰湾的芬兰群岛中散落的是一系列小型夏季别墅，其中包括建筑师本人的小屋，以及每一个在材料和细节上与特定地点关联的实验建筑。在赫尔辛基，他的作品以不同的规模出现，从一系列优美的桥梁、罗霍拉赫蒂（Ruoholahti）市区附近的人行道到一个微妙的购物中心修复工程；从被低估的森林绿色城市电话亭（现在越来越少）和垃圾桶到舒适、重现活力的商业庭院；从内敛、优雅的店铺设计到精致的公寓室内设计；从霍尔的基阿斯玛（Kiasma）当代艺术博物馆周围的路灯和人行道到连接东部中心商场和赫尔辛基坎皮（Kamppi）中心的 250 米天井，这个天井是一个融合商店、住房、公共交通服务和公共广场的多层结构。

———————

14 芬兰文化研究所，巴黎，1991：面对学院路的立面。

Gérard Dufresne 拍摄。

15 抵达广场和天文仪器，匡溪学院，布隆菲尔德歇山，密歇根，1994 年。

Balthazar korab 拍摄。

其他的作品还包括：在库奥皮奥（Kuopio），芬兰东部的一个地区首府，法院的弧形扩建工程；在罗瓦涅米（Rovaniemi）的北极圈，从一个未使用的巴士停车场改建而来的充满光线的艺术博物馆，第一期因巧妙嵌入优雅细节而充满生气，第二期是气氛融洽的室内音乐厅，它是与艺术家约尔玛·豪塔拉（Jorma Hautala）合作设计的成果（后者可能是帕拉斯玛最新的公开作品）。在伊纳里（Inari），远在北极圈之上，矗立着为拉普兰（Lapland）的萨米人而建的人类学博物馆，恰当地命名为SIIDA（在萨米语言中是"家园"的意思），建筑设计融合了文化表征、自然光、地理和气候等复杂的因素。

在国外，他的芬兰文化研究所坐落在巴黎大学（Sorbonne）附近的学院路（Rue des Ecoles），前身是一个剧场，内部空间环环相扣。在北京的芬兰驻华大使馆由行政居所、一个花园和一个桑拿浴室组成，将芬兰特色与对东道国建筑传统的尊重相结合。而在美国密歇根州的匡溪学院（Cranbrook Academy），长期结合芬兰建筑和设计，诞生了一处糅和了柱子、铺路石、景观、弯曲的青铜面板和照明与匡溪整体结构相协调的抵达区域。

16　门把手的草图，20世纪80年代末期和90年代初期：尤哈尼·帕拉斯玛草图本中的一页。铅笔和毡头墨水笔绘制。

16

在作品中，一种对建筑身体经验的信念，坚持着触觉优先于视觉，以及确认在建设过程中认同形而上这一维度。帕拉斯玛在所有尺度上强调整体设计——通过几何形状、材料、工艺和细节的优雅以及精致的组合——在他思想和作品中产生了回应。建筑被纳入一个更完整的设计过程中，在其中对空间、光线和物质的触觉体验与基于几何形状和结构理性的规则相平衡。明显可感知的品质、微妙的情欲，贯穿于许多元素中。居住者和参观者被设计对象本身所吸引，例如让手指充满感官体验的弯曲门把手和抽屉拉手。对材料奢华而简单的制作是种明显的乐趣：不锈钢圈，雕刻的锈钢块，黄铜把手，多层胶合板。

和他想让我们在对《肌肤之目》的阅读中获得的体验一样，帕拉斯玛的设计意图是希望放缓我们对设计空间的体验：这通过谨慎安排建筑元素，通过仔细选用色彩表面，通过引入被精巧布置的采光天窗、高侧窗和墙体洞口所过滤投射的光线，通过经过深思熟虑的材料配置，通过在平面和剖面中精细地构建几何秩序，以及高度关注于每个特定构件与细节的精良制作来达到效果。结果是一种"拼贴"（collage），但其中留有给个人独自感受的机会，通过人们进入空间和他们的触觉记忆来创造一种主观的关联。它是流逝减慢的时间，让人们离开设计作品很久后仍能让那触觉体验与他们的意识产生共鸣：记忆中的花岗岩圆盘或柱廊，流线形的瓷砖与墙面，一个有着纤细钢结构的楼梯，一连串穿孔的门、墙和天花板。这是一种单纯的宁静，因感性材料的魅力和对每个元素的工艺理解，人们近距离发现潜在空间秩序背后的冷静思考。

得益于写作和教育上的努力，他的设计生涯取得成功，而伴随着这一切正如上所说，帕拉斯玛现在进行越来越多的演讲活动，通常宾客盈门，满座皆为建筑学生、教授与从业者。在这些演讲中，就像在他的建筑与文章里一样，时间变慢并得到一种可触及的浓度。在贯穿讲演的数百张令人惊叹的图像中，他的话题始终围绕我们文化中有关艺术、建筑和教育的基本任务。在昏暗的大厅中，他的演讲在接近核心重点的时候语气上扬但节奏变缓，这些重点通常与下面的文字如出一辙：

> "教育的职责是去培养并支持人类想象与移情的能力，但普遍的文化价值趋向于打消幻想、压抑感觉，并僵化自我与世界的界限。如今创造力的教育应从质疑世界的绝对性和扩展自我的边界开始。艺术教育的主要目标并非艺术创作的原则，而是学生们的个性以及他或她自己和世界的图像。当今感官训练的观念仅是艺术教育专有，但感官灵敏性的提炼和感官思维在很多其他领域的人类活动中也有不可替代的价值。我还想多说一句：感觉和想象力的教育对一个完整且有尊严的生活是必要的。"[41]

他的话使听众产生共鸣——不论是学建筑的学生或是其他学科的专业人士——他们通常开始是欣赏、陷入冥想的沉默，之后则是一系列活跃的提问。

至少从 1985 年——"感觉的几何形"发表——更不用说从第一版《肌肤之目》（1996 年）出版开始，帕拉斯玛的作品和思想就经常被引用在建筑理论文集或建筑哲学思考文集中有关建筑现象学的讨论里。这种分类很好理解，不过过于简单，简单得与"芬兰极少主义"和"北欧地域主义"的标签一样。帕拉斯玛最初的作品是有层次的、多样的，能够显示出更广泛的人文传统，如本介绍所言：帕拉斯玛自己避免被归类为哲学家或现象学家，因为他觉得自己缺少这一学科正规的教育背景和哲学方法。"我在这个领域是外行"，他声称"（但是）我阅读了大量出于我个人兴趣的有关人类存在之谜和知识本质的哲学家著作。"[42]他坚持将自己定位为一位从经验主义和人文主义出发的建筑师："我宁可说我现在对建筑和艺术的见解平行于我所理解的现象学立场，我的'现象学'来自我作为一名建筑师、教师、作者，以及与无数优秀艺术家合作的经验，还有我总体的生活经验。"[43]

帕拉斯玛喜欢引用巴什拉（Bachelard）参考荷兰现象学家 JH·范·登·贝尔赫（JH van den Berg）的评论："画家和诗人都是天生的现象学家"，[44] 以及梅洛－庞蒂（Merleau-Ponty）相似的发问："画家和诗人除了表达他们自身与世界的相遇还能表达什么？"[45] 作为回应，基于他自身的体验，帕拉斯玛认为作为建筑师来说，他也是一位"天生的现象学家"——并且他向所有建筑师鼓励这样的信仰：

"在我看来，建筑师势必将探索和表达这相同的（与世界的）相遇。我相信我之所以成为一名建筑师其根本在于建筑这门工艺提供了触摸一个人自身与世界边界的尤为重要且有意义的可能性，并能体会这两者如何融入彼此。"[46]

那么，《肌肤之目》或许可以被解读为建筑思考中另一个"温柔的宣言"——但基本不再强调建筑形式的"复杂性"或"矛盾性"。帕拉斯玛并不想建立或者相信既定的建筑理论;如他自己所讲,他的方法"和埃德蒙德·胡塞尔(Edmund Husserl)将现象学定义为'纯粹寻找'(pure looking)相一致,是与现象天真而公正的相遇,和画家看风景的态度一样,和诗人为某种特殊的人生体验找寻诗意的画面一样——建筑师想象出一个存在的有意义的空间"。[47] 这种存在性的关注正是帕拉斯玛的洞见所在:"建筑最根本的本质是有关存在的,并且它来自存在的体验与智慧,并非智能化或形式化的理论。我们只有通过发展一种对建筑现象独特的敏感度和认知度,来为我们的建筑工作做准备。"[48]

《肌肤之目》代表了这种与存在有关的任务,并鼓励培养这种敏感度。尽管没有给出对策,但这本书也绝不仅仅是诊断。帕拉斯玛的方式是雍容大度且自由开放的,它为考虑、构想及建造意义丰富的可持续的建筑,提供真正"开放的资源"。《肌肤之目》提出了一种新的、活跃的建筑师教育,这或许和人们所熟知的公元前 1 世纪的维特鲁威,或是 19 世纪的戈特弗里德·森佩尔(Gottfried Semper)一样:是对"教育"和"建筑师"这种基本词汇中固有的"诗意"的再主张。帕拉斯玛对这诗意的且终极乐观的使命进行了强调:

"作为教育者,谈到最好的建筑品质时,我们常用"诗意"这个定义。面对当今普遍实用的、粗俗的建设,这或许听起来有些自命不凡,但我认为建筑最根本的任务是在自我和世界间,在历史、当今和未来间,在人类制度和个人间,在物质和精神间完成一种调解。这简直就是诗意的召唤。当我们生活的环境正在失去他的人文内涵，建筑与艺术的任务就在于重新使我们与世界的关系，恢复神秘、官能与性感。再一次强调，问题和生活的诗意层面有关。我并不认为探索建筑的诗意本质是一种浪漫的或不切实际的努力，这完全出于必要性。简单的说，当生活失去了与存在的深刻历史性和精神性的回应，则人性缺失。建筑能够强化并坚持我们对自我与世界的拥有，并支持谦逊和骄傲，好奇与乐观。"[49]

一个门把手、一次握手、一场对话、一种相遇：便是这样一本小书。

_____

17　门把手的草图，20
世纪 80 年代末期
和 90 年代初期：尤
哈尼·帕拉斯玛草图
本中的一页。铅笔和
毡头墨水笔绘制。

17

译后记

我与老帕在芬兰的"相遇"

Encounter——相遇

2007 年秋，我被正式录取到北京大学建筑学研究中心开始一段未知的硕士研究生活，师从曾留洋赫尔辛基艺术设计大学并取得艺术设计博士学位的方海老师。这是我与老帕"相遇"的最初契机——方老师为我与芬兰"相遇"展开一张美好的愿景。之所以将此"相遇"带上双引号的帽子，是因为帕拉斯玛在 2008 年时出版了一本新册子，名为《相遇：建筑论文集》(Encounters: Architectural Essays)。有关 "encounter"这个词究竟怎么翻译，有说"意外的相见"、"邂逅"、"遭遇"、"偶然碰到"等等，但不是太啰唆就是太诗意，或者更有些不对劲的感情色彩。思索数日，最终觉得用"相遇"一词最自然而中立，亦曾写过一篇《绘画与建筑——当建筑大师帕拉斯玛"相遇"绘画杰作》的读后感，发表于 2009 年年末的《建筑师》杂志。《相遇：建筑论文集》是帕拉斯玛用他的生活体验与人世"相遇"而引发的一系列有关建筑存在的思考，而建筑的存在感则更集中地记录在这本《肌肤之目》的经典小册子中。

今日的北京大学建筑学研究中心恐怕是现代北大各学科专业中将"爱国、进步与民主"的精神保存得最好的地方之一。四大名教坐镇，将中国、日本和欧洲等世界各地的"诗意土木"讨论得纷繁有致。方海老师最喜好安排与课程内容相关的"活物"课堂：比如，中国家具课则必到家具厂进行参观，从而学生能够摩挲实物，嗅及红木的深沉；西方家具课的桌台上常有从芬兰运来的名椅，像艾洛·阿尼奥（Eero Aarnio）的Pastil 椅，阿尔托的 Paimio 椅等，都在学生们眼前被解读被分析；再如，考察课里学生亲自深入恩施土家族的山间村落，一边游山玩水一边仔细描绘老祖宗们留下的物质遗产。数年后，回顾那段读书的时光，最深的体会往往都发生在自我与那些美好事物的"相遇"中——不是书本上的文字，也并非印刷的图片，它正是帕拉斯玛在《肌肤之目》中所描写的："我通过身体与城市相遇"，"我用双腿丈量拱廊的长度和广场的宽度"，"我身体的重量与沉重古老的教堂大门相遇"……于是，我决定去芬兰，去这个被方海老师，被许多建筑学者称赞的艺术设计王国。

遇老帕

第一次去拜访老帕是在 2009 年 9 月，那时我已踏上芬兰的土地，从老沙里宁设计的赫尔辛基火车站走出，第一眼的赫尔辛基，天空清澈无比。方老师帮我联系了帕拉斯玛，与我确定见面地点，想到就要与这位年过"从心所欲"的普利兹克奖评委见面，难免心生激动与紧张。去往老帕工作室的小路是一条铺满旧石板的城市道路，有轨汽车时而从身边缓缓行过，我所行走的路径途经中央花园、Artek 商店以及形态各异的社区小广场，更有教堂穿插其间。行走的同时，脑子里不断回忆起凯文·林奇在那本著名的《城市意象》中写到的"道路、边界、节点、标志物"等等名词。我常常对照手中的地图确认路线，正当步入迷境时，一处栽有古木的公共空间或是一座高耸的教堂，真的成为了我在体验步行城市乐趣中最有意义的标识。这算不算"相遇"？在还未见老帕的路途中，我更深刻地理解了行为过程本身的体察与乐趣。

芬兰语发音很有意思，其实"帕拉斯玛"更应被译为"巴拉斯玛"。随着方老师叫惯了"老帕",便觉着这么称呼更加亲切。老帕如其他芬兰设计师一样谦和,他虽已年逾古稀,却依旧往来于世界各地的建筑活动或度假生活,据说他最爱的活动便是到阿拉斯加钓鱼,年轻时的他曾获得过摇摆舞冠军。第一次拜访,我大致说明了自己的来意,老帕慷慨准允我借阅他工作室里的任何书籍,并悉心为我在地图上标明了他实际建成项目的地点。如斯蒂文·霍尔在本书序言《薄冰》中所写,"帕拉斯玛不只是一个理论家,他更是一名有着现象学洞察力的睿智的建筑师"。而我则是到芬兰后才认识了帕拉斯玛作为芬兰建筑博物馆馆长的更加多元的角色。1956年博物馆正式成立之后,芬兰现代建筑界逐渐形成了以建筑评论杂志 Arkkitehti、芬兰建筑博物馆和奥坦涅米大学建筑学部为三个核心机构的建筑发展体系,而帕拉斯玛更是分别以作家、馆长和教授的多重身份参与到芬兰现代建筑的民族寻根和实践创作中。他至今已经出版发表了 20 余本著作及 300多篇文章,这些文字被翻译成 30 多种语言,被全世界的建筑或非建筑读者阅读享用。

我记得老帕在谈到芬兰的建筑教育时,从藏书颇丰的书架上拿出一摞正方形纸片,这是他在奥坦涅米大学(即赫尔辛基理工大学,现已并入阿尔托大学)教学时给学生们布置的作业。每一位学生需针对指定艺术家的作品进行分析,其内容包括作者及作品介绍,但更重要的是自我体验的感受。他是一位乐此不疲关注艺术的建筑师,针对绘画艺术,他曾写道:"我为艺术家们描绘的建筑世界而着迷。画家会为一个事件选择一种自然的、暗示的且有重点场景的布置方式,无论景观、建筑、房间或仅仅是一个物体。如此一来,由空间和建筑现象构成的基本体验便能触及它的本质。"

遇芬兰

我在芬兰仅有半年的时间逗留，体验夏末初秋的自然光彩与入冬后几乎不见光日的漫漫长夜。最大的收获来自赫尔辛基大学的一门国际学生课程，叫"芬兰艺术史"，其内容涵盖了芬兰自建国初期至今，在文学、音乐、戏剧、绘画、建筑等艺术相关领域的发展历程。其讲授始终不离芬兰民族精神的探索，并最终被归结为一种政治主张，即"我们用艺术建立国家"（we use art to build our country）。

老帕告诉我一件很有意思的事情，他说芬兰政府非常明白建筑对于一个国家的重要性。他提起芬兰总理马蒂·万哈宁，这是芬兰现任总理，是掌管着芬兰国家建设的重要官员，但他同时是一个建筑知识非常丰富的人——老帕说总理的建筑史知识甚至比他本人还要丰富。我时常在想，一个国家有着爱好建筑的掌权人是何等幸运。

芬兰的建筑学教育非常实际，老帕甚至觉得它有些太守规矩而略显呆板，他个人更青睐丹麦的建筑设计教育，觉得那里的设计思维更加开放而有趣。但不管怎样，无论我所到达的阿尔托工作室，还是其后涌现出的大量优秀作品，都具有帕拉斯玛在《肌肤之目》中所详细阐述的诸多感官细节。我们很难从一座建筑的外观上来评价其设计的伟大，但仅当脚步踏入主空间的一刹那，整个身心仿佛被一种巨大的力量所调动，光感、音响、温暖全部浮现。还记得当时我去参加赫尔辛基理工大学的一次参观课，我跟一位来自我国台湾的建筑师交换了亲临实地的感受。那一天，我们去到许多芬兰现代教堂，我们感慨耶稣的神性慢慢消失，取而代之的是芬兰独有的人性化的生命之美。

最终，感谢所有为此书出版付出过努力的师长和朋友！

是你们无私的鼓励和帮助，让我敢于用自己投入身心的理解来诠释这样一本重要的著作。现今中国发展以大规模拆建为首，营造之心是否还在？如果这本小册子能让我们稍作停留，足矣。

刘星

2011 年春于武汉

注 释

PREFACE

1 Steven Holl, Juhani Pallasmaa and Alberto Pérez-Gómez, *Questions of Perception: Phenomenology of Architecture,* Special Edition, A+U Publishing (Tokyo), July 1994.

2 Steen Eiler Rasmussen, *Experiencing Architecture,* MIT Press (Cambridge, MA), 1959.

3 Maurice Merleau-Ponty, *The Visible and the Invisible,* Northwestern University Press (Evanston, IL), 1968, pp 148–9.

INTRODUCTION: TOUCHING THE WORLD

1 James Turrell, 'Plato's Cave and Light Within', in Mikko Heikkinen (ed), *Elephant and Butterfly: Permanence and Change in Architecture,* 9th Alvar Aalto Symposium (Jyväskylä), 2003, p 144.

2 Ashley Montagu, *Touching: The Human Significance of the Skin,* Harper & Row (New York, NY), 1986, p 3.

3 A notion of Johann Wolfgang von Goethe, as referred to in ibid, p 308.

4 Ludwig Wittgenstein, MS 112 46: 14.10.1931, in GH von Wright (ed), *Ludwig Wittgenstein – Culture and Value,* Blackwell (Oxford), 2002, p 24e.

5 See, for example, Arnold H Modell, *Imagination and the Meaningful Brain,* MIT Press (Cambridge, MA; London), 2003, and Mark Johnson, *The Meaning of the Body: Aesthetics of Human Understanding,* University of Chicago Press (Chicago, IL; London), 2007.

6 See Anton Ehrenzweig, *The Psychoanalysis of Artistic Vision and Hearing: An Introduction to a Theory of Unconscious Perception,* Sheldon Press (London), 1975.

THE EYES OF THE SKIN, PARTS 1 AND 2

1 As quoted in Brooke Hodge (ed), *Not Architecture But Evidence That It Exists: Lauretta Vinciarelli – Watercolors,* Harvard University Graduate School of Design (Harvard), 1998, p 130.

2 Friedrich Nietzsche, *Thus Spake Zarathustra,* Viking Press (New York), 1956, p 224.

3 Richard Rorty, *Philosophy and the Mirror of Nature*, Princeton University Press (Prinecton, NJ), 1979, p 239.

4 Jorge Luis Borges, *Selected Poems 1923–1967*, Penguin (London), 1985, as quoted in Sören Thurell, *The Shadow of A Thought: The Janus Concept in Architecture*, School of Architecture, The Royal Institute of Technology (Stockholm), 1989, p 2.

5 As quoted in Richard Kearney, 'Maurice Merleau-Ponty', in Richard Kearney, *Modern Movements in European Philosophy*, Manchester University Press (Manchester; New York, NY), 1994, p 82.

6 Heraclitus, Fragment 101a, as quoted in David Michael Levin (ed), *Modernity and the Hegemony of Vision*, University of California Press (Berkeley and Los Angeles, CA), 1993, p 1.

7 Plato, *Timaeus*, 47b, as quoted in Martin Jay, *Downcast Eyes: The Denigration of Vision in Twentieth-Century French Thought*, University of California Press (Berkeley and Los Angeles, CA), 1994, p 27.

8 Georgia Warnke, 'Ocularcentrism and Social Criticism', in Levin (1993), *op cit*, p 287.

9 Thomas R Flynn, 'Foucault and the Eclipse of Vision', in Levin (1993), *op cit*, p 274.

10 Peter Sloterdijk, *Critique of Cynical Reason*, trans Michael Eldred, as quoted in Jay (1994), *op cit*, p 21.

11 As referred to in Steven Pack, 'Discovering (Through) the Dark Interstice of Touch', *History and Theory Graduate Studio 1992–1994*, McGill School of Architecture (Montreal), 1994.

12 Levin (1993), *op cit*, p 2.

13 *Ibid*, p 3.

14 David Harvey, *The Condition of Postmodernity*, Blackwell (Cambridge), 1992, p 327.

15 David Michael Levin, 'Decline and Fall – Ocularcentrism in Heidegger's Reading of the History of Metaphysics', in Levin (1993), *op cit*, p 205.

16 *Ibid*, p 212.

17 Dalia Judovitz, 'Vision, Representation, and Technology in Descartes', in Levin (1993), *op cit*, p 71.

18 Levin (1993), *op cit*, p 4.

19 Friedrich Nietzsche, *The Will to Power*, Book II, trans Walter

Kaufmann, Random House (New York, NY), 1968, note 461, p 253.

20 Max Scheler, *Vom Umsturz der Werte: Abhandlungen und Aufsätze*, as quoted in David Michael Levin, *The Body's Recollection of Being*, Routledge & Kegan Paul (London; Boston, MA; Melbourne; Henley), 1985, p 57.

21 Jay (1994), *op cit*.

22 Martin Jay, 'Sartre, Merleau-Ponty, and the Search for A New Ontology of Sight', in Levin (1993), *op cit*, p 149.

23 As referenced in Richard Kearney, 'Jean-Paul Sartre', in Kearney, *Modern Movements in European Philosophy*, *op cit*, p 63.

24 Jay (1994), *op cit*, p 149.

25 Sigfried Giedion, *Space, Time and Architecture: The Growth of a New Tradition*, 5th revised and enlarged edition, Harvard University Press (Cambridge, MA), 1997.

26 Martin Jay, 'Scopic Regimes of Modernity', in Hal Foster (ed), *Vision and Visuality*, Bay Press (Seattle, WA), 1988, p 10.

27 Merleau-Ponty describes the notion of the flesh in his essay 'The Intertwining – The Chiasm', in Claude Lefort (ed), *The Visible and the Invisible*, Northwestern University Press (Evanston, IL), 4th printing, 1992: 'My body is made of the same flesh as the world [...] this flesh of my body is shared by the world' (p 248); and, 'The flesh (of the world or my own) is [...] a texture that returns to itself and conforms to itself' (p 146). The notion derives from Merleau-Ponty's dialectical principle of the intertwining of the world and the self. He also speaks of the 'ontology of the flesh' as the ultimate conclusion of his initial phenomenology of perception. This ontology implies that meaning is both within and without, subjective and objective, spiritual and material. See Richard Kearney, 'Maurice Merleau-Ponty', in Kearney, *Modern Movements in European Philosophy*, *op cit*, pp 73–90.

28 As quoted in Hubert L Dreyfus and Patricia Allen Dreyfus, 'Translators' Introduction', in Maurice Merleau-Ponty, *Sense and Non-Sense*, Northwestern University Press (Evanston, IL), 1964, p XII.

29 Maurice Merleau-Ponty, 'The Film and the New Psychology', in *ibid*, p 48.

30 Italo Calvino, *Six Memos for the Next Millennium*, Vintage Books (New York, NY), 1988, p 57.

31 Martin Heidegger, 'The Age of the World Picture', in Martin Heidegger, *The Question Concerning Technology and Other Essays*, Harper & Row (New York, NY), 1977, p 134.

32 Harvey, *op cit*, pp 261–307.

33 *Ibid*, p 293.

34 As quoted in *ibid*, p 293.

35 Edward T Hall, *The Hidden Dimension*, Doubleday (New York, NY), 1969.

36 Walter J Ong, *Orality and Literacy: The Technologizing of the World*, Routledge (London; New York, NY), 1991.

37 *Ibid*, p 117.

38 *Ibid*, p 121.

39 *Ibid*, p 122.

40 *Ibid*, p 12.

41 As quoted in Jay (1994), *op cit*, p 34.

42 As quoted in *ibid*, pp 34–5.

43 Gaston Bachelard, *The Poetics of Space*, Beacon Press (Boston, MA), 1969, p XII.

44 Leon Battista Alberti, as quoted in Levin (1993), *op cit*, p 64.

45 As quoted in Jay (1994), *op cit*, p 5.

46 Le Corbusier, *Precisions*, MIT Press (Cambridge, MA), 1991, p 7.

47 Pierre-Alain Crosset, 'Eyes Which See', *Casabella*, 531–532 (1987), p 115.

48 Le Corbusier (1991), *op cit*, p 231.

49 *Ibid*, p 227.

50 Le Corbusier, *Towards a New Architecture*, Architectural Press (London) and Frederick A Praeger (New York, NY), 1959, p 164.

51 *Ibid*, p 191.

52 Walter Gropius, *Architektur*, Fischer (Frankfurt; Hamburg), 1956, pp 15–25.

53 As quoted in Susan Sontag, *On Photography*, Penguin (New York, NY), 1986, p 96.

54 Le Corbusier (1959), *op cit*, p 31.

55 Alvar Aalto, 'Taide ja tekniikka' [Art and Technology] (1955), in Alvar Aalto and Göran Schildt (eds),

Alvar Aalto: Luonnoksia [Sketches], Otava (Helsinki), 1972, p 87 (trans Juhani Pallasmaa).

56 As quoted in Jay (1994), *op cit*, p 19.

57 Harvey, *op cit*, p 58.

58 Fredric Jameson, as quoted in *ibid*, p 58.

59 Levin (1993), *op cit*, p 203.

60 Sontag, *op cit*, p 7.

61 *Ibid*, p 16.

62 *Ibid*, p 24.

63 From a conversation with Professor Keijo Petäjä in the early 1980s; the source is unidentified.

64 Hans Sedlmayr, *Art in Crisis: The Lost Centre*, Hollis & Carter (London), 1957.

65 Maurice Merleau-Ponty, 'Cézanne's Doubt', in Merleau-Ponty (1964), *op cit*, p 19.

66 Martin Jay, 'Scopic Regimes of Modernity', in Hal Foster (ed), *Vision and Visuality*, Bay Press (Seattle, WA), 1988, p 18.

67 *Ibid*, p 16.

68 *Ibid*, p 17.

69 David Michael Levin, *The Opening of Vision: Nihilism and the Postmodern Situation*, Routledge (New York, NY; London), 1988, p 440.

70 *Ibid*.

71 Ong, *op cit*, p 136.

72 Montagu, *op cit*, p XIII.

73 With its 800,000 fibres and 18 times more nerve endings than in the cochlear nerve of the ear, the optic nerve is able to transmit an incredible amount of information to the brain, at a rate which far exceeds that of all the other sense organs. Each eye contains 120 million rods which take in information on roughly five hundred levels of lightness and darkness, while more than seven million cones make it possible for us to distinguish among more than one million combinations of colour. Jay (1994), *op cit*, p 6.

74 Kearney, *Modern Movements in European Philosophy*, *op cit*, p 74.

75 Maurice Merleau-Ponty, *Phenomenology of Perception*, Routledge (London), 1992, p 203.

76 *Ibid*, p 225.

77 Kent C Bloomer and Charles W Moore, *Body, Memory, and Architecture*, Yale University Press (New Haven, CT; London), 1977, p 44.

78 *Ibid*, p 105.

79 *Ibid*, p 107.

80 Gaston Bachelard, *The Poetics of Reverie*, Beacon Press (Boston, MA), 1971, p 6.

81 On the basis of experiments with animals, scientists have identified 17 different ways in which living organisms can respond to the environment. Jay (1994), *op cit*, p 6.

82 Bloomer and Moore, *op cit*, p 33.

83 The anthropology and spiritual psychology based on Rudolf Steiner's studies of the senses distinguishes 12 senses: touch; life sense; self-movement sense; balance; smell; taste; vision; temperature sense; hearing; language sense; conceptual sense; and ego sense. Albert Soesman, *Our Twelve Senses: Wellsprings of the Soul*, Hawthorn Press (Stroud, Glos), 1998.

84 Quoted in Victor Burgin, 'Perverse Space', as quoted in Beatriz Colomina (ed), *Sexuality and Space*, Princeton Architectural Press (Princeton, NJ), 1992, p 233.

85 Jay, as quoted in Levin (1993), *op cit*.

86 Stephen Houlgate, 'Vision, Reflection, and Openness: The "Hegemony of Vision" from a Hegelian Point of View', in Levin (1993), *op cit*, p 100.

87 As quoted in Houlgate, *ibid*, p 100.

88 As quoted in Houlgate, *ibid*, p 108.

89 Merleau-Ponty (1964), *op cit*, p 15.

90 As quoted in Montagu, *op cit*, p 308.

91 As referenced by Montagu, *ibid*.

92 Le Corbusier (1959), *op cit*, p 11.

93 Bachelard (1971), *op cit*, p 6.

94 Kakuzo Okakura, *The Book of Tea*, Kodansha International (Tokyo; New York, NY), 1989, p 83.

95 Edward S Casey, *Remembering: A Phenomenological Study*, Indiana University Press (Bloomington and Indianapolis, IN), 2000, p 172.

96 As quoted in Judovitz, in Levin (1993), *op cit*, p 80.

97 Maurice Merleau-Ponty, *The Primacy of Perception*, ed James M Edie, Northwestern University Press (Evanston, IL), 2000, p 162.

98 Le Corbusier (1959), *op cit*, p 7.

99 Merleau-Ponty (1964), *op cit*, p 19.

100 Jun'ichirō Tanizaki, *In Praise of Shadows*, Leete's Island Books (New Haven, CT), 1977, p 16.

101 Alejandro Ramírez Ugarte, 'Interview with Luis Barragán' (1962), in Enrique X de Anda Alanis, *Luis Barragán: Clásico del Silencio*, Collección Somosur (Bogota), 1989, p 242.

102 Ong, *op cit*, p 73.

103 Adrian Stokes, 'Smooth and Rough', in *The Critical Writings of Adrian Stokes*, Volume II, Thames & Hudson (London), 1978, p 245.

104 Steen Eiler Rasmussen, *Experiencing Architecture*, MIT Press (Cambridge, MA), 1993.

105 *Ibid*, p 225.

106 Karsten Harries, 'Building and the Terror of Time', *Perspecta: The Yale Architectural Journal* (New Haven, CT), 19 (1982), pp 59–69.

107 Cyril Connolly, *The Unquiet Grave: A Word Cycle by Palinurus*, Curwen Press for Horizon (London), 1944.

108 Quoted in Emilio Ambasz, *The Architecture of Luis Barragán*, The Museum of Modern Art (New York, NY), 1976, p 108.

109 Bachelard (1969), *op cit*, p 13.

110 Diane Ackerman, *A Natural History of the Senses*, Vintage Books (New York, NY), 1991, p 45.

111 Rainer Maria Rilke, *The Notebooks of Malte Laurids Brigge*, trans MD Herter Norton, WW Norton & Co (New York, NY; London), 1992, pp 47–8.

112 Rainer Maria Rilke, *Auguste Rodin*, trans Daniel Slager, Archipelago Books (New York, NY), 2004, p 45.

113 Martin Heidegger, 'What Calls for Thinking', in *Martin Heidegger, Basic Writings*, Harper & Row (New York, NY), 1977, p 357.

114 Bachelard (1971), *op cit*, p XXXIV.

115 *Ibid*, p 7.

116 Marcel Proust, *Kadonnutta aikaa etsimässä, Combray* [Remembrance

of Things Past, Combray], Otava
(Helsinki), 1968, p 10.

117 Stokes, *op cit*, p 243.

118 Source unidentified.

119 Stokes, *op cit*, p 316.

120 Tanizaki, *op cit*, p 15.

121 Bachelard (1971), *op cit*, p 91.

122 *Ibid*, p 15.

123 'From Eclecticism to Doubt',
dialogue between Eileen Gray and
Jean Badovici, *L'Architecture Vivante,
1923–33*, Autumn-Winter 1929,
as quoted in Colin St John Wilson,
*The Other Tradition of Modern
Architecture*, Academy Editions
(London), 1995, p 112.

124 Tadao Ando, 'The Emotionally
Made Architectural Spaces of
Tadao Ando', as quoted in Kenneth
Frampton, 'The Work of Tadao
Ando', in Yukio Futagawa (ed), *Tadao
Ando*, ADA Edita (Tokyo), 1987,
p 11.

125 In the mid-19th century,
the American sculptor Horatio
Greenough gave with this notion
the first formulation on the
interdependence of form and
function, which later became
the ideological cornerstone
of Functionalism. Horatio
Greenough, *Form and Function:
Remarks on Art, Design, and
Architecture*, Harold A Small (ed),
University of California Press
(Berkeley and Los Angeles, CA),
1966.

126 Henri Bergson, *Matter and
Memory*, Zone Books (New York,
NY), 1991, p 21.

127 Casey, *op cit*, p 149.

128 Alvar Aalto, 'From the Doorstep
to the Common Room' (1926),
in Göran Schildt, *Alvar Aalto: The
Early Years*, Rizzoli International
Publications (New York, NY), 1984,
pp 214–18.

129 Fred and Barbro Thompson,
'Unity of Time and Space',
*Arkkitehti, The Finnish Architectural
Review*, 1981, issue 2, pp 68–70.

130 As quoted in 'Translators'
Introduction' by Hubert L Dreyfus
and Patricia Allen Dreyfus in
Merleau-Ponty (1964), *op cit*, p XII.

131 As quoted in Bachelard (1969),
op cit, p 137.

132 Henry Moore, 'The Sculptor
Speaks', in Philip James (ed), *Henry
Moore on Sculpture*, MacDonald
(London), 1966, p 62.

133 *Ibid*, p 79.

134 Merleau-Ponty (1964), *op cit*, p 17.

135 See, for instance, Hanna Segal, *Melanie Klein*, The Viking Press (New York, NY), 1979.

136 Richard Lang, 'The Dwelling Door: Towards a Phenomenology of Transition', in David Seamon and Robert Mugerauer, *Dwelling, Place and Environment*, Columbia University Press (New York, NY), 1982, p 202.

137 Louis I Kahn, 'I Love Beginnings', in Alessandra Latour (ed), *Louis I Kahn: Writings, Lectures, Interviews*, Rizzoli International Publications (New York, NY), 1991, p 288.

138 Jean-Paul Sartre, *What Is Literature?*, Peter Smith (Gloucester), 1978, p 3.

139 *Ibid*, p 4.

140 Alvar Aalto, 'Rationalism and Man' (1935), in Alvar Aalto and Göran Schildt (eds), *Alvar Aalto: Sketches*, trans Stuart Wrede, MIT Press (Cambridge, MA; London), 1978, p 48.

141 Frank Lloyd Wright, 'Integrity', in *The Natural House*, 1954. Published in *Frank Lloyd Wright: Writings and Buildings*, selected by Edgar Kaufmann and Ben Raeburn, Horizon Press (New York, NY), 1960, pp 292–3.

A DOOR HANDLE, A HANDSHAKE: AN INTRODUCTION TO JUHANI PALLASMAA AND HIS WORK

Portions of the text are excerpted from: Peter MacKeith, 'A Full and Dignified Life', *Archipelago: Essays on Architecture*, Rakennustieto (Helsinki), 2006, pp 214–34.

1 Juhani Pallasmaa, as quoted in 'An Architectural Confession' (2010 unpublished manuscript provided to the author).

2 *Ibid*.

3 *Ibid*.

4 Alvar Aalto, 'EG Asplund In Memoriam' (*Arkkitehti*, 1940), in Göran Schildt (ed), *Alvar Aalto in his Own Words*, Rizzoli (New York, NY), 1997, pp 242–3.

5 Alvar Aalto, 'The Humanizing of Architecture' (1940), in Alvar Aalto and Göran Schildt (eds), *Alvar Aalto: Sketches*, trans Stuart Wrede, MIT Press (Cambridge, MA), 1985, p 77.

6 Steen Eiler Rasmussen, *Experiencing Architecture*, MIT Press (Cambridge, MA), 1959.

7 Useful references to Sigurd Lewerentz are: Janne Ahlin, *Sigurd Lewerentz, Architect*, MIT Press (Cambridge, MA), 1989; Adam Ed Caruso, *Sigurd Lewerentz: Two Churches*, Gingko Press (Hamburg), 1999; Nicola Flora, Paolo Giardiello and Gennaro Postiglione (eds), *Sigurd Lewerentz*, Phaidon (London), 2006.

8 Key publications by Christian Norberg-Schulz include: *Intentions in Architecture*, MIT Press (Cambridge, MA), 1968; *Existence, Space and Architecture*, Praeger Publishers (New York, NY), 1974; *Genius Loci: Towards a Phenomenology of Architecture*, Rizzoli (New York, NY), 1984.

9 Useful references to Sverre Fehn are: Per Olaf Fjeld, *Sverre Fehn: The Thought of Construction*, Rizzoli (New York), 1983; Per Olaf Fjeld, *Sverre Fehn: The Pattern of Thoughts*, Monacelli (New York, NY), 2009.

10 Useful references for Colin St John Wilson are: Colin St John Wilson, *Architectural Reflections: Studies in the Philosophy and Practice of Architecture*, Butterworth-Heinemann (London), 1992; Colin St John Wilson, *The Other Tradition of Modern Architecture: The Uncompleted Project*, Academy Editions (London), 1995; Roger Stonehouse and Eric Parry, *Colin St John Wilson: Buildings and Projects*, Black Dog Publishing (London), *c* 2007.

11 Key publications by Adrian Stokes include: *The Quattro Cento: and, Stones of Rimini*, Pennsylvania State University Press (University Park, PA), 2002 (originally published 1932 and 1934 respectively); *Smooth and Rough*, Faber & Faber (London), 1951; *The Image in Form*, Penguin (London), 1972.

12 Key writings by Kenneth Frampton include: 'Towards a Critical Regionalism: Six Points for an Architecture of Resistance', in Hal Foster (ed), *The Anti-Aesthetic: Essays on Postmodern Culture*, Bay Press (Port Townsend, WA), 1983, pp 16–30; *Studies in Tectonic Culture: The Poetics of Construction in Nineteenth and Twentieth Century Architecture*, MIT Press (Cambridge, MA), 2001; *Labour, Work and Architecture*, Phaidon Press (London), 2002; *Modern Architecture: A Critical History (World of Art)*, Thames & Hudson (London), 4th edition, 2007.

13 Gaston Bachelard, *The Poetics of Space*, Beacon Press (Boston, MA), 1969.

14 Useful references to Steven Holl and the design of Kiasma, the Museum of Contemporary Art, Helsinki are: *KIASMA, Museum of Contemporary Art, Helsinki*, Gingko

Press (Berkeley, CA), 1999; Annette LeCuyer, 'Iconic Kiasma', *The Architectural Review*, August 1998, pp 46–53; Peter MacKeith, 'The Helsinki Museum Competition', *Competitions 4*, no 2 (Summer 1994), pp 44–51.

15 Alberto Pérez-Gómez, *Architecture and the Crisis of Modern Science*, MIT Press (Cambridge, MA), 1983.

16 Key writings by Gaston Bachelard include: *Earth and Reveries of Will: An Essay on the Imagination of Matter*, trans Kenneth Haltman, Dallas Institute of Humanities and Culture (Dallas, TX), 3rd edition, 2002; *Air and Dreams: An Essay on the Imagination of Movement*, trans Edith R Farrell and C Frederick Farrell, Dallas Institute of Humanities and Culture (Dallas, TX), 3rd edition, 1988; *Water and Dreams: An Essay on the Imagination of Matter*, trans Edith R Farrell, Dallas Institute of Humanities & Culture (Dallas, TX), 3rd edition, 1999; *The Psychoanalysis of Fire*, trans Alan CM Ross, Beacon Press (New York, NY), 1987; *The Poetics of Reverie: Childhood, Language, and the Cosmos*, trans Daniel Russell, Beacon Press (New York, NY), 1971. Key writings by Maurice Merleau-Ponty include: *The Structure of Behavior*, trans Alden Fisher, Beacon Press (Boston, MA), 1963; *Phenomenology of Perception*,

trans Colin Smith, Humanities Press (New York, NY), 1962; *Sense and Non-Sense*, trans Hubert Dreyfus and Patricia Allen Dreyfus, Northwestern University Press (Evanston, IL), 1964; *The Visible and the Invisible, Followed by Working Notes*, trans Alphonso Lingis, Northwestern University Press (Evanston, IL), 1968; *The Prose of the World*, trans John O'Neill, Northwestern University Press (Evanston, IL), 1973.

17 Juhani Pallasmaa, *The Thinking Hand: Existential and Embodied Wisdom in Architecture*, AD Primer, John Wiley & Sons (Chichester), 2009; Juhani Pallasmaa, *The Embodied Image: Imagination and Imagery in Architecture*, AD Primer, John Wiley & Sons (Chichester), 2011.

18 Pallasmaa, 'An Architectural Confession' (2010), *op cit*.

19 *Ibid*.

20 Franz Kafka, letter to Oskar Pollak, 27 January 1904; cited from Max Brod (ed), *Briefe, 1902–1924*, Schocken (New York, NY), 1958.

21 Väinö Linna, *Under the North Star* (Finnish: *Täällä Pohjantähden alla*, original publication 1959), trans Richard Impola, Aspasia Books (Beaverton, Canada), 2001.

22 Milan Kundera, *Romaanin taide* (*The Art of the Novel*), WSOY (Helsinki), 1986, p 165.

23 Pallasmaa, 'An Architectural Confession' (2010), *op cit*.

24 Juhani Pallasmaa, 'The Two Languages of Architecture: Elements of a Bio-Cultural Approach to Architecture', in Juhani Pallasmaa, *Encounters: Architectural Essays*, ed Peter MacKeith, Rakennustieto (Helsinki), 2005, p 35. This essay was first published in: *Abacus 2, The Yearbook of the Museum of Finnish Architecture*, The Museum of Finnish Architecture (Helsinki), 1980, pp 57–90.

25 Juhani Pallasmaa, in conversation with Peter MacKeith, 2005. See 'Landscapes: Juhani Pallasmaa in Conversation with Peter MacKeith', *Encounters: Architectural Essays*, Rakennustieto (Helsinki), 2005, pp 6–22.

26 Pallasmaa, 'An Architectural Confession' (2010), *op cit*. A similar statement can be found in 'Landscapes: Juhani Pallasmaa in Conversation with Peter MacKeith', (2005), *op cit*, p 10.

27 Marja-Riitta Norri, 'The World of Juhani Pallasmaa', in Juhani Pallasmaa and Marja-Riitta Norri, *Architecture in Miniature: Juhani Pallasmaa, Finland*, The Museum of Finnish Architecture (Helsinki), 1991, p 3. Published in conjunction with the Alvar Aalto Pavilion exhibition of Pallasmaa's work at the 5th International Exhibition of Architecture of the Venice Biennale, 8 September to 6 October 1991.

28 Pallasmaa, 'An Architectural Confession' (2010), *op cit*.

29 Juhani Pallasmaa, in conversation with Peter MacKeith, 2011.

30 Juhani Pallasmaa, in conversation with Peter MacKeith, 2005. See 'Landscapes: Juhani Pallasmaa in Conversation with Peter MacKeith' (2005), *op cit*.

31 Norri, 'The World of Juhani Pallasmaa', *op cit*.

32 *Ibid*.

33 Juhani Pallasmaa, in conversation with Peter MacKeith, 2005. See 'Landscapes: Juhani Pallasmaa in Conversation with Peter MacKeith' (2005), *op cit*.

34 Juhani Pallasmaa, 'The Two Languages of Architecture: Elements of a Bio-Cultural Approach to Architecture', *Abacus 2, The Yearbook of the Museum of Finnish Architecture*, The Museum of Finnish Architecture (Helsinki), 1980, pp 57–90.

35 Alvar Aalto, 'The Humanizing of Architecture', *op cit.*

36 Juhani Pallasmaa, 'The Geometry of Feeling: A Look at the Phenomenology of Architecture', *Arkkitehti, The Finnish Architectural Review*, 1985, issue 3, pp 44–9.

37 Pallasmaa, 'An Architectural Confession' (2010), *op cit.*

38 Norri, 'The World of Juhani Pallasmaa', *op cit.*

39 Juhani Pallasmaa, 'Identity, Intimacy and Domicile: Notes on the Phenomenology of Home', *Arkkitehti, The Finnish Architectural Review*, 1994, issue 1, pp 14–25.

40 Steven Holl, Juhani Pallasmaa and Alberto Pérez-Gómez, *Questions of Perception: Phenomenology of Architecture,* Special Edition, A+U Publishing (Tokyo), July 1994.

41 Juhani Pallasmaa, lecture at Washington University in St Louis School of Architecture, 2005.

42 Pallasmaa, 'An Architectural Confession' (2010), *op cit.*

43 *Ibid.*

44 JH van den Berg, *The Phenomenological Approach in Psychiatry*, Charles C Thomas (Springfield, IL), 1955, p. 61.

45 Maurice Merleau-Ponty, *Signs*, Northwestern University Press (Evanston, IL), 1982, p 56.

46 Pallasmaa, 'An Architectural Confession' (2010), *op cit.*

47 *Ibid.*

48 *Ibid.*

49 Juhani Pallasmaa, in conversation with Peter MacKeith, 2011.

索　引

图片出处说明

19 Mairea Foundation (Photo: Rauno Träskelin).

20 The Museum of Modern Art, New York/Scala, Florence.

21 © Hélène Binet.

22 Mairea Foundation (Photo: Rauno Träskelin)

A DOOR HANDLE, A HANDSHAKE: AN INTRODUCTION TO JUHANI PALLASMAA AND HIS WORK

1 Courtesy of Juhani Pallasmaa, private archive. Photo: Knut Thyberg.

2 Sketch: Courtesy of Juhani Pallasmaa, private archive.

3 Sketch: © Juhani Pallasmaa.

4 Courtesy of Juhani Pallasmaa, private archive.

5 Courtesy of Juhani Pallasmaa, private archive. Photo: Rauno Träskelin.

6 Sketch: © Juhani Pallasmaa.

7 Sketch: © Juhani Pallasmaa.

8 Courtesy of Juhani Pallasmaa, private archive.

9 Courtesy Juhani Pallasmaa Architects, Helsinki, Photo: Kaj Lindholm.

10 Courtesy of Juhani Pallasmaa, private archive.

11 Sketch: © Juhani Pallasmaa.

12 Courtesy Juhani Pallasmaa Architects, Helsinki. Photo: Arto Liiti.

13 Courtesy Juhani Pallasmaa Architects, Helsinki. Photo: Rauno Träskelin.

14 Courtesy Juhani Pallasmaa Architects, Helsinki. Photo: Gérard Dufresne.

15 Courtesy Juhani Pallasmaa Architects, Helsinki. Photo: Balthazar Korab.

16 Sketch: © Juhani Pallasmaa.

17 Sketch: © Juhani Pallasmaa.

《肌肤之目——建筑与感官》(第三版)

尤哈尼·帕拉斯玛

　　《肌肤之目》自1996年第一版问世，便成为经典的建筑理论著作。它提出了一个深远的问题，为什么在五种基本的感官里，只有一种感官——视觉，在建筑文化和设计中占据主导地位？随着数码占据主导地位和电子图像的全面普及，这一问题比此书在20世纪90年代中期首次出版时还要更加紧迫和具有现实意义。尤哈尼·帕拉斯玛论述，对其他四种感官的压制，导致了我们建成环境的整体平庸，也常常削弱了一座建筑的空间体验和建筑可以去激发灵感、邀人参与、改善整体生活的能力。

　　对每一位初次习读帕拉斯玛经典文章的学生来说，《肌肤之目》是一种启示，它极具说服力地为建筑文化提供全然崭新的见解。第三版新加入了建筑作家和教育家彼得·迈克凯恩斯（Peter MacKeith）的文章，以便读者更深入理解帕拉斯玛思想的来龙去脉。这些文字将帕拉斯玛的个人传记与建筑思考的概要相结合，后者包括其起源，与北欧及欧洲古今思想的关系。这篇文章关注的重点是帕拉斯玛从根本上对待建筑人性、深刻、敏感的态度，并使读者更加了解他。这些配图来自帕拉斯玛的草图和他自己的摄影。新版也加入了世界著名建筑师斯蒂文·霍尔（Steven Holl）撰写的前言和帕拉斯玛亲自修改过的简介。

尤哈尼·帕拉斯玛（Juhani Pallasmaa）是芬兰最杰出的建筑师和建筑思想家之一。他曾经的头衔包括：赫尔辛基工业艺术学院院长；赫尔辛基芬兰建筑博物馆馆长；赫尔辛基工业大学建筑系教授兼主任。他同时在全球多所大学担任客座教授。帕拉斯玛曾写作和编辑三十余部著作，其中包括《肌肤之目：建筑与感官》（Academy，1995 and John Wiley & Sons，2005），《思考之手：建筑存在与具身的智慧》（John Wiley & Sons，2009）以及《具象化的图像：建筑的想象和意象》（John Wiley & Sons，2011）。

彼得·迈克凯恩斯（Peter MacKeith）是华盛顿大学圣路易斯设计与视觉艺术研究生院建筑系副教授及副主任。他在芬兰和美国设计界具有学术地位且从事相关实践工作，并对芬兰和北欧建筑进行了广泛的写作和演讲。